读好书系列

 彩色插图版

人类 最伟大与最糟糕 的发明

RENLEI ZUIWEIDA YU
ZUIZAOGAO DE FAMING

光玉◎主编

 吉林出版集团股份有限公司

图书在版编目（CIP）数据

人类最伟大与最糟糕的发明／光玉主编.—长春：
吉林出版集团股份有限公司，2011.4
（读好书系列）
ISBN 978-7-5463-4266-5

Ⅰ.①人… Ⅱ.①光… Ⅲ.①创造发明—世界—青少
年读物 Ⅳ.①N19-49

中国版本图书馆 CIP 数据核字（2010）第 240981 号

人类最伟大与最糟糕的发明

RENLEI ZUI WEIDA YU ZUI ZAOGAO DE FAMING

主　　编　光　玉
出 版 人　吴　强
责任编辑　尤　蕾
助理编辑　杨　帆
开　　本　710mm×1000mm　1/16
字　　数　120 千字
印　　张　10
版　　次　2011 年 4 月第 1 版
印　　次　2022 年 9 月第 3 次印刷

出　　版　吉林出版集团股份有限公司
发　　行　吉林音像出版社有限责任公司
地　　址　长春市南关区福祉大路 5788 号
电　　话　0431-81629667
印　　刷　河北炳烁印刷有限公司

ISBN 978-7-5463-4266-5　　定价：34.50 元

前言

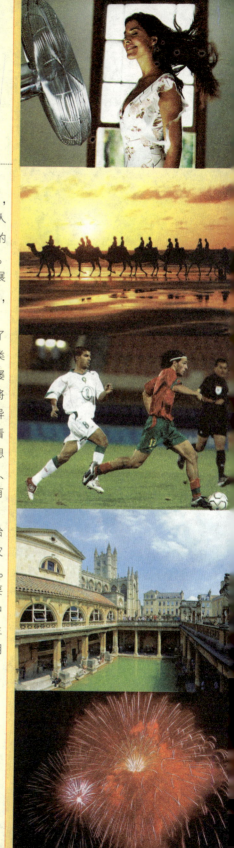

　　科学技术的飞速发展为人类创造了无穷的物质财富，贡献了影响全世界的巨大能量。这些卓越的成果改变了人类生产和生活的方式及质量，同时也深刻地更新了人类的思维观念和对世界的认知，改变并持续改变着世界的面貌。

　　科学技术的发展极大地影响着社会的发展，在其发展进程中，有很多值得回忆的东西，比如文字的发明创造，以及天文、历法、数学等方面所取得的辉煌成就。

　　当人类的历史推进到 20 世纪时，科学技术发展到了空前辉煌的时代。美国科学家富兰克林曾说："未来人类的知识将会大大增长，今天我们想不到的新发明将会屡屡出现，我有时候几乎后悔自己出生过早，以致无法知道将来出现的新事物。"近百年来，人类的科技可以用日新月异这个词来形容，如果让一个生活在 20 世纪初期的人来看今天的世界，他会认得汽车、电话、飞机，他也许还能想象出宇宙飞船、深海潜艇，但他绝对对计算机、互联网、基因工程、核能一无所知。是知识爆炸给了人类前所未有的自信和乐观。

　　但令人类遗憾的是，科技永远是一柄双刃剑，它在给人类带来便利与财富的同时也给人类带来了无法摆脱的灾难。科技的发明与创造导致大量资源浪费和生态环境破坏。人们无法避免科学的两面性，因此每一位发明家无疑都要面临着造福与作孽、急功近利与从长计议的选择，而其中的关键在于是否能做到善待生命，是否能保护人类赖以生存的自然环境。相信，任何一项以破坏环境为代价的发明都不会受到欢迎和推广。

目 录
MULU

第1章 辉煌文化

第 2 章 生活与医学

第 **3** 章 通信与军事

第 **4** 章 科学与技术

辉煌文化

Part 1

　　文字的出现为人类的文明树起了一座不朽的丰碑。从此，人类有了属于自己的记录载体，为日后人类文明的传承和科学的发展储备了丰富的资料。

　　当人类进入文明社会，物质财富得到了极大的发展，同时精神文明也不断发展起来，人们在从事生产劳动的过程中逐渐掌握了数字和历法的使用，从此人类开始了对自然规律的研究。

　　当社会逐渐形成时，人们的认识水平大大提升，随着物质财富的不断积累，音乐等一系列高度文明也走上人类历史的舞台，人们的生活变得更加丰富多彩。

文 字

☀ 人类社会的文化与文明，严格意义上是从文字诞生开始的。文字是记录和传播语言的书写符号系统，是记录语言在时间和空间上的交际功能的重要工具。

文字与汉字

文字是社会发展到一定阶段的产物，对人类文明的发展起了很大的促进作用。

首先，文字起源于图画。世界上所有的自源文字都起源于图画，也就是文字画。由文字画到图画文字，质的转变就在于各种各样的图画逐步变成了与语言中的词相对应的独立的表意符号。当这些表意符号利用假借的手段，能够完整地按语言中词的顺序去记录实词和虚词的时候，成熟的文字体系就诞生了。古埃及的圣书字、古代苏美尔人的楔形文字，以及中国商代的甲骨文，都是起源于图画的古老文字体系。

其次，文字是记录和传播语言的符号系统。这就是说，语言是第一性的，而文字是第二性的。语言是一种符号系统，文字就是记录这种符号系统的系统，文字首要的存在理由就在于记录和传播语言，使语言克服空间和时间的局限，流传异地、流传久远。

最后，文字既表音又表意。也就是说，文字可以见形知义。

说汉字可以不通过记录语言而直接表示观念，似乎是在褒扬汉字，其实恰恰是在贬低汉字。因为只有文字画或者一般的符号，才是不通过语言而直接表示概念的。例如：在包装箱上画一支高脚杯或画一把雨伞表示物品易碎或防止雨淋；在瓶子上画一个骷髅或两根交叉的骨头表示瓶子里装

003

▶ 甲骨文是一种古老的中国文字

的是有毒物品。这些一目了然的符号，无论哪国人看了都会明白，即使是一字不识的人看了也明白是什么意思。

　　人类社会不断地经历融合与分裂，文字与民族也随着时代的不断更换而经历着产生与消亡的变革。时至今日，读图时代的开始与物质图像的泛滥，对文字来说这可能是一场不可估量的灾难，这种由于科技飞速发展而带来的灾难远远超过古代中国秦始皇的"焚书坑儒"。另外，世界的统一化使得越来越多的文字濒临灭亡。

▶ 古老的东巴文字画——《渔》

历　法

☀　历法是年月日等记时单位按一定法则组合、记录和计算较长时间的方法。历法的制定一般分为三类：年、日依据天象制定的称为阳历，月、日依据天象制定的称为阴历，年、月、日都依据天象制定的称为阴阳历。三种历法各具特色。它们的产生是由人类生存所处自然环境决定的。

定历法制的原则

纵观古今中外的历法，其制定的基本原则有以下几方面。

第一，必须明确规定起始点，即开始计算的年代，这叫"纪元"；以及规定一年的开端，这叫"岁首"。第二，人为设计的年（历年）和月（历月）的天数必须是整日数。这样可以保证完整的一天只出现在同一年或一个月之中，而不会被分开。第三，多个历年的平均天数可以不是整日数，但是要保证每年的平均长度尽可能地接近于非整日数的回归年。第四，多个历月的平均天数可以不是整日数，但是要保证每月的平均长度尽可能地接近于非整日数的朔望月（朔望月是月球公转的一种周期，长度为 29.530 6 日）。就是说，历法要尽可能准确地反映地球和月球运动的周期，使其符合四季变化规律和月相变化规律，这在指导生活、安排生产等方面具有实用价值。

在制定历法时，必须考虑到它的通用性，尽量能被广大范围的国家和地区共同使用。同时应该做到简明、易记。这些看似简单的问题其实非常复杂，不仅需要长期连续的天文观测作为知识基础，而且需要相当丰富的智慧。

▲ 我国古代使用八卦图来推算历法

历法的分类

理想的历法应该使用方便，容易记忆，历年的平均长度等于回归年，历月的平均长度等于朔望月。实际上这些要求是根本无法同时达到的，在一定时间内，平均历年或平均历月都不可能与回归年或朔望月完全相等，总要有些出入。因此，目前世界上通行的几种历法，实际上没有哪一种称得上是最完美的。

人们想尽办法来安排日月年的关系。在历史上，世界各地存在过千差万别的历法，但就其基本原理来讲，不外乎三种：太阴历（阴历）、太阳历（阳历）和阴阳历。三种历法各自有各自的优缺点，目前世界上通行的"公历"实际上就是太阳历。

时间长河没有边际，只有确定每一日在其中的位置，我们才能记录历史、安排生活。我们日常使用的日历，对每一天的"日期"都有极为详细的规定，实际上就是历法在生活中最直观的表达形式。

历法对人们生产生活的重大影响

在世界上，中国是最早发明历法的国家之一。历法的出现对中国经济、文化的发展有一定的影响。中国的传统历法是农历，也被称为"阴历""古历""黄历""夏历"和"旧历"等。农历属于阴阳历并用：一方面，以月球绕地球运行一周为一"月"，平均月长度等于"朔望月"，这一点与阴历原则相同，所以也叫"阴历"；另一方面，设置"闰月"，以使每年的平均长度尽可能接近回归年，同时设置二十四节气以反映季节的变化特征，因此农历集阴、阳两历的特点于一身，也被称为"阴阳历"。至今几乎全世界的华人及朝鲜半岛和越南等地的居民，仍旧使用农历推算传统节日，如春节、中秋节、端午节等节日。

在今天看来，当时历法的产生是中国古人为了掌握农务的时节（简称"农时"）、长期观察天体运行的结果。中国的农历之所以被称为阴阳合历，是因为它不仅有阳历的成分，还有阴历的成分。它把太阳和月亮的运行规则合为一体，做出了两者对农业影响的总结，所以中国的农历比纯粹的阴历或西方普遍利用的阳历更实用方便。

农历是中国传统文化的代表之一，它的准确及巧妙常常被中国人视为骄傲。

▶中国的历法和十二生肖有着一定的联系

节 气

⬤ 二十四节气是根据地球在环绕太阳运行的轨道上所处位置划定的，属于阳历的范畴。地球绕太阳公转一周为360°，以春分时为0°，清明时为15°，以后每隔15°为一个节气，其日期在阳历中基本是固定的。

二十四节气的起源

二十四节气起源于黄河流域，远在春秋时代，就定出了仲春、仲夏、仲秋和仲冬四个节气。之后不断地改进与完善，到秦汉时期，二十四节气已完全确立。公元前104年，由邓平等制定的《太初历》，正式把二十四节气订于历法，明确了二十四节气的天文位置、发明时间与发明人。

二十四节气是我国历法的独到之处，最早出现于汉代。它表示了地球在轨道上运行的24个不同位置，刻画出一年中气候变化的规律。地球绕太阳旋转，视运动一周为360°，分成24等份，每15°（大约半月时间）就有一个节气。一年四季共有二十四节气，依次称为：立春、雨水、惊蛰、春分、清明、谷雨、立夏、小满、芒种、夏至、小暑、大暑、立秋、处暑、白露、秋分、寒露、霜降、立冬、小雪、大雪、冬至、小寒、大寒。

二十四节气在我国的影响

二十四节气是中国历法的独创，是我国古代科学文化的辉煌成就之一。二十四节气的划定是我国古代天文和气候科学的伟大成就。两千多年来，它在安排和指导农业生产过程中，发挥了重大的作用。并且二十四节气对中国传统节日的产生提供了前提条件，使得这些中华民族的一些独特风俗文化融入传统节日中一直延续发展，经久不衰。

纪 年

⊙ 纪年是人们给年代起名的方法，主要的纪年有帝王纪年、公元纪年、岁星纪年、干支纪年等。

中国在汉武帝以前用帝王纪年，从即位年用元年，二年，三年……改元时，用"中二年""后元年"等。从汉武帝到清末，用年号纪年。1912年推翻帝制之后采用民国诞生时间来纪年，兼或使用公元纪年。1949年中华人民共和国成立以后采用全世界通用的公元纪年。

什么是公元纪年

现在在国际上通用的纪年是西方公元纪年制，过去也叫作"基督纪元""纪元""公元"等。在西方国家，用略语 AD 表示，取自拉丁语 Anno Domini，Anno 是"年"，Domini 是"主"的意思；在英语中是"in the year of our Lord"，"in the year of the Christian era"，大致是"吾主纪元""基督纪元"的意思。"公元前"，西方略语为 BC，即"before Christ"，是"耶稣基督之前"的意思。所以，公元纪年制是从耶稣基督降生开始纪年。

纪年的重大意义

在创立各国通行的纪年方法以前，世界各地纪年方法都很混乱。我国从很早就以皇帝年号纪年。欧洲有从某城市建城开始纪年的方法，有的地方根本没有纪年方法。许多历史文献记载当时发生的事件，涉及人物、地点、情节等，但没有年、日期的记载，没有时间坐标，偶尔有季节、时辰的描述。因此，为文献记载的事件定出时间坐标，尤其是纪年，成为史学研究的重要领域。

► 皇帝年号纪年时期的中国钱币

► 在我国甘肃北部出土的汉代纪年简

圆周率

圆周率是指圆的周长同它直径的比值，它是一个常数，用希腊字母 π 表示：π =3.141 592 653 589 793 238 46……

它是一个无理数，又是超越数。在中国古代有圆率、圆率周等名称。

古老的圆周率

古希腊的欧几里得在《几何原本》（约公元前 4 世纪）中提到圆周率是常数，中国古算书《周髀算经》（约公元前 1 世纪）中有"径一而周三"的记载，也认为圆周率是常数。历史上曾采用过圆周率的多种近似值，早期大都是通过实验而得到的结果，如古埃及纸草书（约公元前 1700 年）中取 π ≈ 3.160 4。

第一个用科学方法寻求圆周率数值的人是阿基米德，他在《圆的度量》（公元前 3 世纪）中用圆内接和外切正多边形的周长确定圆周长的上下界，从正六边形开始，逐次加倍计算到正 96 边形，得到 ［3+（10/71）］ ＜π＜ ［3+（1/7）］，开创了圆周率计算的几何方法（亦称古典方法或阿基米德方法），得出精确到小数点后两位的 π 值。

圆周率的漫漫长路

中国数学家刘徽在注释《九章算术》时（约公元 263 年）只用圆内接正多边形就求得 π 的近似值，也得出精确到两位小数的 π 值，他的方法被后人称为割圆术。南北朝时代的数学家祖冲之进一步得出精确到小数点后 7 位的 π 值（约 5 世纪下半叶），给出不足近似值 3.141 592 6 和过剩近似值 3.141 592 7，除此之外还得到两个近似分数值，密率 355/113 和约率 22/7。

这个密率在西方直到 1573 年才由德国人奥托得到，1625 年发表于荷兰工程师安托尼斯

▶ 阿基米德早在几千年前就开创了圆周率的科学算法

的著作中，欧洲称之为"安托尼斯率"。

阿拉伯数学家卡西在 15 世纪初求得圆周率 17 位精确小数值，打破祖冲之保持近千年的纪录。荷兰数学家鲁道夫·范·科伊伦于 1596 年将 π 值算到 20 位小数值，后投入毕生精力，于 1610 年算到小数点后第三十五位，该数值被用他的名字称为"鲁道夫数"。

◀ 祖冲之运率图

1579 年，法国数学家韦达给出 π 的第一个解析表达式。此后，无穷乘积式、无穷连分数、无穷级数等各种 π 值表达式纷纷出现，π 值计算精度也迅速增加。1706 年，英国天文学教授梅钦计算 π 值突破 100 位小数大关。1873 年，另一位英国数学家尚克斯将 π 值计算到小数点后 707 位，可惜他的结果从 528 位起是错的。到 1948 年，英国的弗格森和美国的伦奇共同发表了 π 的 808 位小数值，成为人工计算圆周率值的最高纪录。

011

电子计算机的出现使 π 值计算有了突飞猛进的发展。1949 年，美国马里兰州阿伯丁的军队弹道研究实验室首次用计算机（ENIAC）计算 π 值，一下子就算到 2 037 位小数，突破了千位数。1989 年，美国哥伦比亚大学研究人员用克雷－2 型和 IBM－VF 型巨型电子计算机计算出 π 值小数点后 4.8 亿位数，后又继续算到小数点后 10.1 亿位数，创下新的纪录。

除 π 的数值计算外，π 的性质探讨也吸引了众多数学家。1761 年，德国数学家兰伯特第一个证明 π 是无理数。1794 年法国数学家勒让德又证明了 π^2 也是无理数。到 1882 年德国数学家林德曼首次证明了 π 是超越数，由此解决困惑人们 2 000 多年的"化圆为方"尺规作图问题。还有人对 π 的特征及与其他数字的联系进行研究，如 1929 年苏联数学家格尔丰德证明了 $e\pi$ 是超越数等。

指南针

☀ 指南针是利用磁铁在地球磁场中的南北指极性而制成的一种指示方向仪器，是中国古代四大发明之一。

指南针的发明

早在春秋时期，中国劳动人民就在采矿、冶炼的过程中逐渐认识了磁石。到战国时期就有人用磁石做成器具来判定方向，当时叫"司南"。它是在一个无沿的方盘上放置一只水勺似的磁石，水勺的柄端向南指。到北宋后期中国人民创造了人工磁铁，又创制了"指南鱼"，把用磁钢片制成的"鱼"放在水面上，以此指示方向。后来经过反复研究改进，又把磁钢片改成细小的磁钢针，并使它的尖端指向磁北极，末端指向磁南极，这就形成了指南针。

指南针的传播

指南针发明以后，我国人民首先把它应用在航海事业上。南宋时，阿拉伯商人和波斯商人常搭乘我国的海船往来贸易，也学会了使用指南针。后来他们又把指南针传入欧洲。指南针的应用推动了欧洲的航海事业，很快全世界各个领域都开始使用指南针。

指南针的作用

指南针的发明对社会发展起到了重要作用，不仅在我国古代军事、生产、日常生活中起重要作用，而且对促进东西方文化的交流和世界的发展都有功绩。中国也是最早把指南针用于航海事业的国家，并把航海事业推到了一个新的时代，促进了各国之间的经济贸易和文化交流。指南针传到世界各国以后，各国也都用指南针来帮助航海了。指南针传入欧洲后，推动了欧洲航海事业的发展。15世纪末到16世纪初，欧洲各国航海家纷纷将指南针用于航海，他们不断探险，开辟新航路，抵达了美洲，完成了环绕地球的航行。马克思曾这样说过："指南针打开了世界市场，并建立了殖民地。"

▲象征中华文明的指南针——司南

造纸术

蔡伦发明造纸术

造纸术是我国古代四大发明之一。早在 1 800 多年前，造纸术的发明者蔡伦使用树肤（树皮）、麻头（麻屑）、敝布（破布）、破鱼网等为原料制成"蔡侯纸"，于公元 105 年献给东汉和帝，受到高度赞扬。造纸术的发明对中国和世界文明进步做出了巨大贡献。

造纸术的传播

造纸术在我国迅速发展，遍及全国。到 7 世纪初期（隋末唐初）开始东传至朝鲜、日本；8 世纪西传入撒马尔罕，接着又传入巴格达；10 世纪传到大马士革、开罗；11 世纪传入摩洛哥；13 世纪传入印度；14 世纪到达意大利，意大利很多城市开建了造纸厂，成为欧洲造纸术传播的重要基地，从那里再传到德国、英国；16 世纪传入俄国、荷兰；19 世纪传入加拿大。

造纸术对文化传播的重大影响

造纸术是中国古代最伟大的发明之一，也是人类文明史上的一项杰出成就。造纸术的伟大之处，在于纸张作为人类文化载体具有重大作用。造纸术被发明之后，纸张便以新的姿态进入社会文化生活之中，并逐步在中国大地传播开来，后又传到海外。这是书籍材料的伟大变革，在人类文明史上具有划时代意义。造纸术的发明大大提高了纸张的质量和生产效率，扩大了纸的原料来源，降低了纸的成本，为文化的传播创造了有利条件。

我国东汉时期发明造纸术的蔡伦

纸张的进一步参证

随着考古科学的不断深入，

▶ 古代造纸的工艺流程

1切麻　2洗涤　3浸灰水
4蒸煮　5春捣　6打浆
7抄纸　8晒纸　9揭纸

历史史册一页页被打乱，当然，蔡伦发明造纸术这一说法也被人质疑。20世纪以来的考古发掘实践动摇了蔡伦发明造纸术的说法。1933年，新疆罗布泊汉代烽燧遗址中出土了公元前1世纪的西汉麻纸，比蔡伦早了一个多世纪；1957年，西安市东郊的灞桥再次出土了公元前2世纪的西汉初期古纸；1973年，在甘肃省居延的汉代金关遗址；1978年，在陕西省扶风中颜村的汉代窖藏中，也分别出土了西汉时的麻纸。更值得指出的是，1986年，甘肃天水市附近的放马滩古墓葬中出土了西汉初文帝、景帝时期（公元前179—公元前141年）绘有地图的麻纸，这是目前发现的世界最早的植物纤维纸。

活字印刷术

活字印刷的发明

  活字印刷术的发明是印刷史上一次伟大的技术革命。北宋庆历年间中国的毕昇（972—1051 年）发明的泥活字，标志着活字印刷术的诞生。他是世界上第一个活字印刷术的发明人，比德国谷登堡用活字印书早 400 年。

活字印刷的排版

  活字印刷前，先用胶泥刻成一个个的单字，用火烧硬，就成了活字。排字的时候，依照稿本拣出所需要的字，排在一块放有松香、蜡、纸灰的铁板上面，用铁框围住四周。活字排满一板之后，就用火烘热，使松香和蜡熔化，再用平板从上面压平，使板上的字面平整。铁板冷却以后，活字就固定在板上，可以上墨印刷了。印刷完毕，再把字板烘热，取下活字，留备以后再用。常用单字往往准备好几个，甚至 20 多个。同时，拿两块铁板交替使用，一块排字，另一块印刷，大大缩短了排印的时间。

015

活字印刷的传播

  毕昇发明的活字印刷术，由于封建统治阶级不重视劳动人民的发明创造，在他生前没有得到推广。后代科学家根据胶泥活字改进了活字印刷技术，使其更加完善。随着中外经济文化的交流，13 世纪以后，中国的活字印刷术逐渐传播到朝鲜、日本、欧洲等地，到 19 世纪后，活字印刷术已传遍全世界。

▶我国北宋年间发明活字印刷的毕昇

▼欧洲早期的活字印刷机

活字印刷发明的意义

活字印刷术的发明在人类历史上具有划时代的意义。北宋时期，平民毕昇发明的活字印刷术，在长期的实践中不断改进，虽然方法还比较简单，但基本原理和现在铅字排印是一致的。这是中国和世界印刷工业史上的一次划时代的大革命，并传播到世界各地，大大推进了人类文明的进程。

伟大的思想家、革命家马克思认为，印刷术是预兆资产阶级社会到来的三项伟大发明之一。它是"变成制造精神发展的必要的前提下最强大的推动力"。

瓷 器

☀ 　中国是世界上最先发明瓷器的国家，为人类历史写下了光辉的一页。瓷器的发明，堪称我国的"第五大发明"，它在技术和艺术上的成就，传播到了世界各国，并深刻影响了陶瓷文化的发展，为我国赢得了"瓷器之国"的盛誉。

瓷器的历代发展

　　"瓷器"的发明始于汉代，至唐、五代时渐趋成熟，至宋代为瓷器业蓬勃发展时期，出现了定、汝、官、哥、钧等窑。元代青花和釉里红等新品迭出，明代继承并发展了宋瓷传统，宣德年间成化窑制品尤为突出。清代瓷器风格古雅浑朴，比前时稍逊，却胜在精巧华丽、美妙绝伦的造型上，康熙、雍正、乾隆时所制器物，更是出类拔萃，令人叫绝。

瓷器的传播

　　中国陶瓷输出的地区最初主要是亚洲地区。葡萄牙开辟新航路之后，瓷器成为欧洲社会最珍贵的礼物。18世纪初，西欧皇室和宫廷开始兴起收藏中国瓷器之风。这一时期，欧洲流行的洛可可（Rococo）艺术风格，以生动、幽雅、甜美、自然为特色，其倡导的艺术作风与中国艺术风格中的精致、柔和、纤巧和幽雅殊途同归。这也促进了包括瓷器在内的、有"中国风格"的物品流传至整个欧洲社会。

　　中国瓷器行销全世界，成为世界性的商品。"China"一词也随着中国瓷器在英国及欧洲大陆广泛传播，转而成为瓷器的代名词，使得"中国"

▶ 欧式突出柔媚的洛可可风格，其中就有中国的瓷器作为装饰

▶ 中国古代精美的瓷器

▶ 景泰蓝瓷器

与"瓷器"成为密不可分的双关语。

中国瓷器的意义

瓷器取代陶器，不仅方便了人们的日常生活，更丰富了人们的审美情趣，同时也证明了中华民族是具有伟大创造力的民族。其在每一个工艺过程中都凝聚着古代先民的智慧和辛勤汗水，更是蕴含了重要的历史价值和艺术价值。

瓷器在汉唐以后源源不断地输出到世界各地，促进了当时中国与外界的经济、文化交流，并且对其他国家人民的传统文化和生活方式产生了深远的影响。

报　纸

☀　报纸是以刊载新闻和时事评论为主，以定期、连续、散页的方式向公众发行的出版物；是把个人同国家、世界联系起来的纽带和桥梁；是以传播新闻为主、反映和引导舆论的重要宣传工具。

报纸从雏形走向成熟

早在距今 2000 年前，中国就出现过类似报纸的文书抄本。它是当时的官府用以抄发皇帝谕旨和臣僚奏议等文件及有关政治情况的刊物，称为"邸报"。它具有报刊的某些特点，可认为是最早形式的"政府公报"。原藏于敦煌莫高窟的唐代《进奏院状》，是中国已知的最早的一份手抄邸报，距今已有 1 000 多年的历史。

使用印刷术印报大约出现在 1450 年的欧洲。报道哥伦布探索新大陆经历的报纸出现在 1493 年，是罗马当时印制的第一份报纸。当时的报纸并非天天出版，只是在有新的消息时才临时刊印。

1609 年，索恩在德国出版了《艾维苏事务报》，每周出版一次，这是世界上最早定期出版的报纸。不久，报纸便在欧洲流行起来，消息报道的来源一般都依赖联系广泛的商人。

日报首次发行于 1650 年，是德国人蒂莫特里茨出版的。虽然只发行了 3 个月左右，但却是世界上第一份日报。

报纸是出版周期最短的定期连续出版物。报纸的基本特点是内容新、涉及面广、读者较多，是影响面比较广的文献信息源。

各种各样的报纸已经成为人们生活中必不可少的信息源▶

铅　笔

◉ **铅笔是一种用石墨或加颜料的黏土做笔芯的笔。**

铅笔发展史

　　铅笔的历史非常悠久，它起源于 2 000 多年前的古希腊、古罗马时期。那时的铅笔很简陋，只不过是金属套里夹着一根铅棒，有的甚至只是铅块而已。但是从字义上看，它倒是名副其实的"铅笔"。而我们今天使用的铅笔是用石墨和黏土制成的，里面并不含铅。

　　现代铅笔的鼻祖诞生于 16 世纪中叶英国坎伯兰山脉的布洛迪尔山谷。1565 年，在布洛迪尔山谷有人发现了一种被称为石墨的黑色矿石可以用来写字，他们随即将这种矿石切割成细条，运往伦敦出售，供商人们在货篮和货箱上做标记之用，故称为"标记石"。这里的石墨矿简直就像是上帝专为生产铅笔而赐予的，它纯度高，光滑而不易折断。后来人们将石墨棒插入钻好的小木棍中，就制成了与今天的形制相近的铅笔。

　　1761 年，德国化学家哈伯建立了世界上第一家铅笔厂。他将石墨、硫黄、锑和松香混合，调成糊状，然后再将其挤压成条烘干，这样提高了石墨的韧性，成为今天铅笔的雏形。

　　18 世纪时，能生产铅笔的只有英、德两国。后来，由于战争的影响，法国的铅笔来源中断。当时的法国皇帝拿破仑命令本国的化学家尼古拉斯·孔蒂就地取材，生产本国铅笔。孔蒂用法国出产的劣质石墨与黏土混合，并通过控制黏土与石墨的比例来调整其硬度和颜色深浅，成型后置于窑内焙烧制成笔芯，再用松木制成笔杆裹住笔芯，获得成功。这样生产出的铅笔成为当时最好用的铅笔，问世后很快传到了世界各地。

◀ 铅笔

　　1822 年，英国的霍金斯与莫达合作，发明了第一支伸缩式铅笔。1838 年，美国人基拉恩发明了活动铅笔。此后又经过许多年的改进，逐渐发展成为今天的自动铅笔。

钢　笔

🔆　钢笔也叫自来水笔，是一种笔头用金属制成的笔。它是我们目前使用最为广泛的书写工具之一。

钢笔的先祖

千百年来，欧洲人一直使用的是翎管笔（也称羽毛笔）。它是使用鸡、鸭、鹅、鹰等鸟类的翅羽制成的，最常用的是鹅翅羽毛。但翎管笔的寿命很短，笔尖很容易磨秃或劈裂，一支笔能写几千字就很不错了。后来，人们在翎羽毛笔尖上包上一层金属薄片，这样就诞生了金属笔尖。随后，木杆、金属杆又逐渐取代了鸟翅羽毛，演变成为蘸水笔。

虽然笔的寿命大大延长了，但每写几个字就要蘸一下墨水，很不方便，人们为此对它做进一步变革。1809 年，英国人福逊发明了笔杆中可以灌注墨水的笔，笔杆上部有一小孔，小孔关闭时笔尖写不出字，只有打开小孔墨水才能流至笔尖。同年，由另一个英国人布莱姆改进的蘸水笔具有一个很薄的银质笔杆，书写时要像使用带橡皮囊的玻璃管一样用手挤压笔杆，笔尖才能写出字来。

021

钢笔的发展历程

初具今天自来水笔结构的发明，距今仅有百余年的历史。这种笔是1884 年由美国人沃特曼发明的。

沃特曼当时从事保险工作，在工作中常常因为笔漏墨水使花费很大精力绘制出的表格作废，所以他想重新设计出一种能控制墨水下泄、使用更加方便的自来水笔。于是，他放弃了当时所从事的工作，开始潜心研究自来水笔。1884 年左右，研究取得了结果。他利用毛细管的作用，用一条长形的硬橡皮，连接笔嘴和笔内的贮墨水管，又在硬橡皮上钻了一条细如毛发的通管，可容少量的空气进入贮管，以保持贮管内的气压平衡。这样，在笔嘴受到压力时，墨水便会徐徐不断地流至笔尖，有效地解决了墨水的突然滴漏。此后，又有人对沃特曼的发明进行了改进，将加装墨水的滴管改成了能自动吸墨水的胶皮软管，使用起来更加方便。

阿拉伯数字

阿拉伯数字又称"印度—阿拉伯数字"。最初由印度人发明，他们用梵文的字头表示数字，几经演变传至阿拉伯帝国，12世纪初传入欧洲，故称阿拉伯数字。但直至16世纪其写法才与现在基本一致。用阿拉伯数字记数时按照十进制，从最高位起按顺序写出各数位上的数。

阿拉伯数字的特点

阿拉伯数字是世界上最完善的数字制。它的优点是笔画简单、结构科学、形象清晰、组数简短，因此被世界各国普遍应用，成为一套国际通行的数字体系。

阿拉伯数字的传播

古代印度人创造了阿拉伯数字后，大约到了7世纪，这些数字传到了阿拉伯地区。到了13世纪，意大利数学家斐波那契写出了《算盘书》。在这本书里，他对阿拉伯数字做了详细的介绍。后来，这些数字又从阿拉伯地区传到了欧洲，欧洲人把这些数字叫作阿拉伯数字。以后，这些数字又从欧洲传到世界各国。阿拉伯数字传入我国，是在13—14世纪。由于我国古代有一种数字叫"筹码"，写起来比较方便，所以阿拉伯数字当时在我国没有得到及时的推广运用。20世纪初，随着我国对外国数学成就的吸收和引进，阿拉伯数字在我国才逐渐被使用，而今，阿拉伯数字在我国推广使用已有100多年的历史。阿拉伯数字现在已成为人们学习、生活和交往中最常用的数字。

简单实用的阿拉伯数字

阿拉伯数字是一种数字系统。现代所称的阿拉伯数字以十进制为基础，采用0、1、2、3、4、5、6、7、8、9共10个计数符号。采取位值法，高位在左，低位在右，从左往右书写。借助一些简单的数学符号（小数点、负号等），这个系统可以明确地表示所有的有理数。为了表示极大或极小的数字，人们在阿拉伯数字的基础上创造了科学记数法。

元素周期表

元素周期表是元素周期律用表格表达的具体形式，它反映元素原子的内部结构和它们之间相互联系的规律。元素周期表简称"周期表"。元素周期表有很多种表达形式，目前最常用的是维尔纳长式周期表。

元素周期表的出现

1869 年，俄国化学家门捷列夫在《俄国化学会志》上发表了他的元素周期表，这张表中包括了当时已发现的所有元素。性质类似的各族是横排，周期是竖排，为未知元素留了 4 个空格。1871 年，他又给出了经过修正补充的第二张表，在新表中共有 8 组（竖行）和 10 类（横行）。

1864 年德国化学家迈耶尔按元素原子量递增的顺序得出"六元素表"，1868 年他也排出了元素周期表，但未公之于世。1869 年门捷列夫周期表发表后不久，迈耶尔也独立地制出了周期表，于 1870 年发表，并明确指出元素性质是它们原子量的函数。这张表比门捷列夫周期表对相似的元素族划分得更为完善，而且形成了现在的过渡元素族。

元素周期表的元素分布

元素周期表有 7 个周期、16 个族和 4 个区。元素在周期表中的位置能反映该元素的原子结构。周期表中同一横列元素构成一个周期。同周期元素原子的电子层数等于该周期的序数。同一纵行（第Ⅷ族包括 3 个纵行）的元素称"族"。族是原子内部外电子层构型的反映。

元素周期表能形象地体现元素周期律。根据元素周期表可以推测各种元素的原子结构和元素及其化合物性质的递变规律。当年，门捷列夫根据元素周期表中未知元素的周围元素和化合物的性质，经过综合推测，成功地预言了未知元素及其化合物的性质。现在的科学家利用元素周期表，指导寻找并制取半导体、催化剂、化学农药、新型材料的元素及化合物。

元素周期表的重要作用

元素周期律和周期表，揭示了元素之间的内在联系，反映了元素性质与它自身原子结构的关系，在哲学、自然科学、生产实践等各方面都有重要意义。

在哲学方面，元素周期律揭示了元素原子核电荷数递增引起元素性质发生周期性变化的事实，从自然科学上有力地论证了事物变化的量变引起质变的规律性。

元素周期表是周期律的具体表现形式，它把元素纳入一个系统内，反映了元素间的内在联系，打破了曾经认为元素是互相孤立的观点。通过元素周期律和周期表的学习，可以加深对物质世界对立统一规律的认识。

在自然科学方面，周期表为发展物质结构理论提供了客观依据。原子的电子层结构与元素周期表有着密切的关系，周期表为发展过渡元素结构、镧系和锕系结构理论，甚至为指导新元素的合成、预测新元素的结构和性质都提供了线索。元素周期律和周期表在自然科学的许多部门都得到广泛应用，在化学、物理学、生物学、地球化学等方面也都是重要的工具。

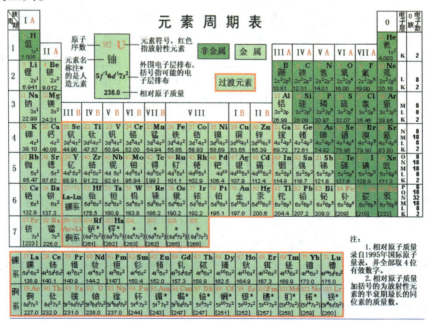

▲人们通常使用的化学元素周期表

汉字输入法

　　"输入"一词在《现代汉语词典》中的解释为：科学技术上指能量、信号等进入某种机构或装置。汉语的中文信息就是要"用计算机对汉语的音、形、义进行处理"。汉字输入法，通俗一点说，就是通过电脑打出汉字的一种方法。

汉字输入法的发明

　　国家标准局于 1981 年发布《信息交换用汉字编码字符集（基本集》(GB2312 – 1980)，按汉字在该字符集中的位置编码来输入汉字的方法就是区位码。王永民的五笔字型输入法（王码）于 1983 年推出。

　　1983 年春，王永民研究出了一个用 26 个字母键高效率地输入汉字的全新方案，这就是"五笔字型"。他潜心研究了 5 年，抄编了 12 万张卡片，首创了"汉字字根周期表"和"字词兼容"技术，在世界上，首破电脑汉字每分钟输入 100 字大关，令世人惊讶。五笔字型获中、美、英三国专利。专家们一致认为，这是一项世界最高水平的汉字输入技术。

025

王码输入法的意义

　　数字王码的发明，有效地缓解了当前汉字输入难、查字难、提笔忘字写字难的"三大困惑"，实现了汉字输入技术的第二次革命，使得中国迅速融入信息世界之中。数字王码作为一个原创性发明，已广泛应用于手机、电话机、税控机等方面。

汉字输入法对汉文化的冲击

　　计算机投入运用之初，许多人担心汉字和汉语能否跨过这道门槛进入高科技的 21 世纪。随着汉字输入法的发明和日趋精良，这种担忧已经不存在了，但"E 时代"的汉字和汉语又遇到了新问题：从今往后，日益增多的电脑用户、"网民"和手机短信的收发者，无论思考、写作、通信、娱乐还是交谈，都习惯于依靠电脑、手机和网络。也就是说，他们主要通过手指和键盘，而不是通过心灵、大脑、口舌、笔墨书写和面对面的交谈来接触汉字与汉语。汉语、汉字和汉文化将越来越"悬"在离心脑一臂之遥的指尖上，其根基之脆弱、命运之不测，自不待言。

音　乐

音乐是一种通过一定的音响组合，表现人们思想感情和生活情态的艺术。音乐一般通过歌唱、演奏的方式，为听众所感受而产生艺术效果。其构成要素和表现手法有旋律、节奏、和声、复调、音色、力度、速度等。音乐可以分为声乐和器乐两大类。

音乐的起源

音乐的起源可以追溯到非常古老的洪荒时代。在人类还没有产生语言时，就已知道利用声音的高低、强弱等来表达自己的思想和情感。随着人类劳动的发展，逐渐产生了统一劳动节奏的号子和相互间传递信息的呼喊，这便是最原始的音乐雏形。当人们庆贺丰收和分享劳动成果时，往往以敲打石器、木器来表达内心的欢愉之情，这便是原始乐器的雏形。人类社会究竟是从何时开始有了真正的音乐，现已无从考证。

▶青铜雕像《墨丘利》

关于乐器的传说

1. 弦乐器起源的传说

墨丘利（Mercury）是希腊神话中诸神的使者。有一天他在尼罗河畔散步，无意中踩到一个东西，那东西发出了美妙的声音。他低头一看，原来是一个空龟壳内侧附有一条干枯的筋。于是墨丘利从中得到了启发，发明了弦乐器。后人考证弦乐器出现在墨丘利之前，但弦乐的发明有可能正是从此得到启发的。

2. 管乐器起源的传说

在中国古代，距今约5 000年的黄帝时期，有一位叫作伶伦的音乐家，传说中他曾进入西方昆仑山内采竹为笛。当时恰有五只凤凰在空中飞鸣，他便合其音而定律。虽然这一传说并不完全可信，但把它作为管乐器的起源也未尝不可。

音乐流派

1. 古典主义

古典主义的萌芽，发生在巴洛克时代的意大利。后来由于维也纳出现了海顿、莫扎特和贝多芬三人，借此古典主义音乐便得以形成。因此，音乐方面的"古典乐派"实际上指的是"维也纳古典乐派"。古典主义艺术，首先发生在文艺领域，它以恢复希腊、罗马的古典艺术为目的，注重形式上的匀称和协调，主要放眼于追求客观的美。

▲贝多芬是德国最伟大的音乐家之一，是西方古典音乐中的恺撒

2. 浪漫主义

初期浪漫主义音乐与其他姊妹艺术一样，发源于欧洲"启蒙时代"，与法国大革命的自由民主思想关系密切，比文学中的浪漫主义约晚数十年。贝多芬晚期作品已成为初期的浪漫主义的先驱，其后的作曲家们都可划入浪漫派。从时代上来说，19 世纪中叶是它的全盛时期。

3. 印象主义

印象主义音乐产生于 19 世纪末，是受"象征主义文学"和"印象主义绘画"的影响而出现的一种音乐流派。这一流派的音乐家与此前的浪漫主义音乐家有很大区别，他们并不通过音乐来直接描绘实际生活中的图画，更多的是描写那些图画给人们所带来的感觉或印象，渲染出神秘朦胧、若隐若现的气氛和色调。

4. 电脑音乐

电脑音乐的出现大约是在 20 世纪 80 年代，至今也不过几十年的历史，但其发展之迅猛，是以往任何一种音乐制作形式所无法匹敌的，并且颠覆了前面几种流派的创作方法。

记谱法

用各种记号、符号等把一首曲子的高低、长短、强弱等要素记录下来的方法称为记谱法。在历史发展过程中，由于乐曲的不同内容和需要产生了各种各样的记谱方法。如为古琴用的古琴谱，为锣鼓用的锣鼓谱，以及我们现在普遍应用的五线谱、简谱和在我国民间常用的工尺谱等。

各种记谱法虽然在其发展中不断地趋向完善，但到目前为止，世界上还没有一种记谱法能够完美无缺地记录音乐。如音高、力度、速度上的细微差异，许多装饰音的奏法等，都还需要演奏者凭其各自不同的理解加以具体的分析和处理。

记谱法的诞生

记谱法对音乐的流传记载具有举足轻重的作用。如果没有记谱法，世界上许多著名的音乐作品就很难流传至今。

中国在古代时就出现了管色谱，是中乐 12 律的简号。希腊也有过一种用字母作为音符、点和线来标示节拍的记谱法，但已失传。

欧洲最初的记谱法是在纸上记下上下符号，标在无伴奏的圣歌词上，表示旋律的起伏高低，以便僧侣们记忆。

类似于现代的记谱法产生于 11 世纪，是意大利音乐理论家圭多·阿雷佐发明的。他用重复 A 至 G 七个字母，大写代表低音，小写代表高音，重复的小写字母（aa bb…gg）代表更高的音，形成了字母组。我们现在所用的音名大体起源于此。

公元 9 世纪时，出现了一种以"点""钩""划"表示音的大概趋

▼意大利音乐理论家圭多·阿雷佐（左）发明了记谱法，被称为"五线谱之父"

向和高低的记谱法。这种符号叫"纽姆"。先是记在一条线上，表示 f 音，根据符号落在线的上下就有了一个大概的音高标准，后来又加了一条 c 线。到了 11 世纪，圭多·阿雷佐把线加到四根，音域为 8 度左右，使音高记谱更准确。以后由于重唱、演奏的需要又出现了六线、七线谱，甚至十一线谱。直到 16 世纪，欧洲各国统一变成了五线谱，改变了横线太多所引起的复杂局面，过高或过低的音用加线来表示。以后又出现了适应不同音域、不同用途的高音、中音、低音谱表和记录多种乐器曲谱的大谱表、总谱表等，也都是建立在五线谱之上的。为了纪念五线谱的发明与诞生，人们把圭多·阿雷佐称为"五线谱之父"。

▶ 古老的五线谱（下）和现在的五线谱

029

　　与其他记谱法相比，五线谱具备着难以替代的优点：音高形象感强，容易区分高低音；和声立体感强，能同时记录诸多声部及和弦；可记录音调复杂、声部繁多的大型音乐作品；旋律线条清晰，记谱科学适用。为此，五线谱已成为当今世界各国通用的、流行最广的记谱法，对音乐事业的繁荣与发展起着越来越重要的作用。

　　还有一种由英国音乐教育家葛洛威发明的记谱法，也叫唱名记谱法。唱名记谱法分别用 do、re、mi、fa、soi、la、si 来表示在音阶的音符。不论什么调子，主音总是"do"，上面的一个音符是"re"，再上一个是"mi"，以此类推。唱名记谱法现仍用作歌唱训练方法，也是学习传统乐谱的入门方法。这种方法发明于 18 世纪 30 年代。

记谱法的意义

　　数学记谱法也称简谱，是由 7 个阿拉伯数字构成的，发明人是法国教会教士苏埃蒂。1665 年，苏埃蒂写了一本书，名叫《学习素歌和音乐的新方法》，公布了他所发明的数字简谱。稍后又由法国著名的思想家、教育家和文学家卢梭等加工完善，成为一种完整的记谱法。

　　后来由葛林、巴雷、谢威三人加以发展和完善，称为葛巴谢记谱

▲卢梭是法国杰出的思想家、文学家，启蒙运动最富民主倾向的代表人物

法，简称谢氏记谱法。它是用阿拉伯数字1、2、3、4、5、6、7记录音的高低，在数字之后或下面加用横线表示长短。由于这种记谱法简单明了，故称之为"简谱"，属于文字乐谱。我国的简谱是由日本传来的，至今又有了许多变化和发展。由于它的调式感强、简单易学、便于推广等特点，在我国广泛流行。同时它又有着很多不足之处：音高的形象感差，缺乏多声部的立体感，尤其是不利于频繁转调旋律的音高把握。因此，它逐渐跟不上人们对音乐日益发展的需求，已渐被五线谱所取代。正确的记谱法对创作和表演都十分重要，每个学音乐的人都应该很好地掌握记谱法，特别是对学习作曲的人来说，具有更为重要的意义。

小提琴

小提琴是一种擦奏弦鸣乐器。它的发音近似人声，适用于表现温柔、热烈、轻快、辉煌，甚至是最富于戏剧性的强烈感情。几个世纪以来，世界各国的著名作曲家谱写了大量的小提琴经典作品，小提琴演奏家在这种乐器上发挥出了精湛的演奏技巧。

小提琴的历史

小提琴的存在可远溯至 1550 年。至于何时成为有地位的乐器，则要追溯至 1600 年左右，当时它第一次以标准的姿态出现在意大利歌剧交响乐团里。到了 1626 年，法王路易十三在宫中组织交响乐团，小提琴的地位再次得到提升，自卢利以后，它的声誉更为卓著。

在早期，由于小提琴的弦太粗，而且架得太松，所以音调呆板而低微。18—19 世纪，小提琴的制作技巧得到了意大利小提琴学派奠基人科雷利及 18 世纪欧洲最著名的小提琴演奏家塔尔蒂尼等人的启发而大有改进。他们在协奏曲和奏鸣曲独奏时要求饱满、清晰而响亮的声调，因此改用较细的弦，而且把弦拉得较紧，以使演奏者能发挥得尽善尽美。

在 18 世纪初期，已开始流行把小提琴架在颚下演奏，取代了抵着胸部或锁骨的演奏法。18 世纪末期，弓弦也有显著的改善，弹性较佳，长度宽度皆有增加。

18 世纪中期，小提琴弓还不是现在这种弧度，而是向外拱起，适用于演奏巴洛克时期作曲家的作品，更适合演奏巴赫的复调小提琴作品。到海顿、莫扎特时，音乐作品的旋律线条具有更大的起伏，音量上要求具有更有力的重音，小提琴的演奏技巧也随之改变，从而产生了 1785 年法国人图尔特的现代小提琴弓的

▲ 有着优美外形的小提琴

▼小提琴上的阿玛蒂

创制，改进后的小提琴在运弓上有了发展与提高。

被称为现代小提琴演奏之父的维奥蒂，是巴洛克时期过渡到古典主义时期体现小提琴艺术发展水平的代表人物。他把小提琴的歌唱性乐句和技巧性乐句结合在一起，并充分使用了 E 弦的音域。维奥蒂的《第二十二小提琴协奏曲》至今仍受到许多作曲家们的赞赏。

帕格尼尼是意大利学派处于衰落时期出现的新的浪漫主义先驱。他的《二十四首随想曲》一直是小提琴演奏技巧的范本。他所使用的新的旋律技法，大胆的转调，丰富的半音进行，尖锐的和声组合，有特点的节奏音型，多种速度变化，对以后的浪漫主义作曲家有很大影响。他的随想曲，被人们誉为"小提琴技巧的百科全书"。

在地中海沿岸各国，小提琴是浪漫抒情的象征。乐手在小餐馆桌旁用它来取悦年轻的情侣；同时，它也是跳舞时的良伴，几乎所有传统舞蹈均以小提琴伴奏。在中世纪的欧洲，常见吟唱者一边歌唱一边拉奏弦乐器。

小提琴的诞生

小提琴这种乐器由来已久，究竟是谁发明了小提琴，无从考证。不像汽车、飞机、电灯、电话等都有据可查，知道是何人、何时发明的。

人们在 1550 年的一幅壁画上找到了一把有 3 条弦的小提琴，这是至今能见到的最早的小提琴。一直到 17 世纪，意大利克雷莫纳的制作大师阿玛蒂才将小提琴定型为今天人们所使用的的形状、尺寸，并使用4条琴弦。

16世纪后期，意大利的小提琴制作业出现了两个著名的制作流派，一是以阿玛蒂父子为代表的克雷莫纳制琴派，二是以萨洛的加斯帕罗和他的学生马吉尼为代表的布雷西亚制琴派。这两派制作的小提琴各有特长，历经百年，至今仍属上等珍品。

18世纪后，小提琴制作业的领先地位从意大利转至法国。这个时期小提琴的造型不断改进，已取得更大音量和更好的音质。法国制琴家吕波以斯特拉迪瓦里为典范，把法国的制琴技术和意大利的制琴技术结合在一起。与此同时，法国的

▲阿玛蒂制作的小提琴

图尔特约在1785年对琴弓的长度、重量、形状、装置等方面又进行了重大改革。小提琴在这个时期的发展，反映了海顿、莫扎特和贝多芬作品中具有的歌唱性，以及运弓方面的更大变化等对小提琴性能上的要求。

钢 琴

钢琴是一种键盘乐器，用键拉动琴槌以敲打琴弦。钢琴因其独特的音响，88个琴键的全音域，受到当今作曲家的钟爱。

钢琴的发展史

钢琴是一种高档的键盘乐器，最早出现于希腊，是在一种供音乐家审度音律或研究乐理的音乐工具的基础上发展起来的。

最初的钢琴只是一块木板上绷着几根丝弦，下边装有可移动的弦码，用以限定音律。后来，有人对这种工具进行了改进，大约在12世纪时发展成古钢琴。

▲钢琴在19世纪西方文化中的重要性十分明显

1709年前后，意大利人克里斯托弗又对古钢琴进行改进，发明了可以击弦的小槌键装置。1770年，德国的制琴师斯坦因发明了一种"棘轮装置"，用在古钢琴上，使击弦槌在击弦后可立即移开，让弦自由振动，产生平滑的音色，音域宽广，不刺耳。不久，英国的布罗德·伍德父子公司又在钢琴上增加了一种使音域更宽广的机械装置，并创造了一种持续音踏板，使毡制的制音装置离开所有的琴弦，让弦自由振动。为了使钢琴中的机械装置能向一侧移动，他们还加装了柔音踏板，使敲弦机能单独地敲击某一根弦，而不是像原来那样敲击一对弦。

1811年，伦敦牛津大学的钢琴制造商把水平式的琴弦和敲弦装置改为竖式，制成了第一架立式钢琴。1830年以后，又不断有人对钢琴的构造、音调的强度、操纵的速度进行改进，使钢琴不论是在品种上还是在外形上都有了很大的发展。

电声乐器

电声乐器是通过电来产生声音的乐器。严格来说，它包括"电乐器"（electricmusic）和"电子乐器"两种，前者是具有活动结构的一种电动机械装置，而后者则完全由电路组成。

电钢琴和电子钢琴

电钢琴是借敲击调好音的金属棒产生声音，然后转换成能被扩大的电波信号；电子钢琴除了键盘和控制钮，没有其他活动的部件，它的声音是由电路产生的，而不是以敲击金属棒产生的。

电钢琴在外形和产生声音的过程上与传统的钢琴相似，但其声音却与传统钢琴有很大差别；电子钢琴只保留了与传统钢琴相似的键盘，其产生声音的过程与传统的钢琴迥然不同，但却能产生与传统钢琴相似的声音。

电声乐器的成长历程

1875 年，美国的贝尔发现声音和电波信号是可以互相转换的，并由此发明了电话。这为电声乐器的诞生奠定了理论基础。1906 年，美国人德弗雷斯特发明了真空三极管。1916 年电子振荡器诞生，这又为电声乐器提供了得以实现的基础。

1920 年，苏联科学家列夫·特雷门发明了世界上第一个电声乐器——以他自己的名字命名的"特雷门"（Theremin）。特雷门与其说是乐器，不如说是一种电声实验装置更准确，它最重要的部分是振荡器，连接振荡器的是两块类似天线、能反映导体振动频率的金属板：一块用于控制音高，一块用于控制音量。演奏该乐器的方法是以两

▼电吉他已成为现在舞台上最常用的乐器

手交替接近或移动这两
块金属板。

　　1928 年和 1930 年，
法国科学家马瑞茨·马
梯诺、德国人弗雷里
茨·特洛特文先后发明
了用键盘演奏的电声乐
器。而汉蒙德于 1935
年发明的电风琴则是当
时最成功的电声乐器，
至今仍有使用。20 世纪
40 年代末，在美国诞生
世界上第一把电吉他。

▲疯狂的歌手会随着音乐而起舞

初期的电吉他及其他电乐器，大多仅是以麦克风来接收乐器的弦、共
鸣器等的振动，并放大或转换为声音信号而已，它们是电乐器，而不
是电子乐器。

　　电子乐器在 1955 年有了突破性的进展。这一年美国普林斯顿大学
RCA 实验室的奥尔森和贝拉研制出了世界上第一台电子合成器。

　　这台电子合成器使用了大量的真空电子管，采用了与早期电子计
算机类似的孔带纸式的信息输入与控制设备，使用滤波器和调制器将
振荡器产生的信号任意改变成所需的声音加以输出。

　　这台合成器虽然体积庞大，所产生的乐声与传统乐器相比，失真
度还比较高，但它开创了电子合成器的先河。

　　现代电子合成器采用了集成电路、信息处理器和数字处理技术。
它不仅可以模拟任何一种乐器和声音，还可以创造出自然界和生活中
所没有的声音；它不仅能够成为一种独奏的乐器，而且可以产生整个
乐团合奏的效果，极大地丰富了人类的音乐语汇。

足 球

☀ 足球是球类运动的一种。球用皮制，内装橡皮胆，圆周 68～71 厘米，比赛用球重 396～453 克，气压为 49.0～58.8 千帕。足球球场长 90～120 米，宽 45～90 米，两端中央装有球门。

足球运动的发展

足球运动是一项古老的体育活动。据说，希腊人和罗马人在中世纪以前就已经开始举办足球游戏了。他们在一个长方形场地上，将球放在中间的白线上，用脚把球踢滚到对方场地上，当时称这种游戏为"哈巴斯托姆"。

到 19 世纪初，足球运动在当时欧洲及美洲一些国家特别是在英国已经相当盛行。直到 1848 年，足球运动的第一个文字形式的规则《剑桥规则》才诞生。然而众多资料表明，中国古代足球的出现比欧洲更早、历史更为悠久。

我国古代足球称为"蹴鞠"或"蹋鞠"，"蹴"和"蹋"都是踢的意思，"鞠"是球名。"蹴鞠"一词最早记载在《史记·苏秦列传》里，汉代刘向和唐代颜师古在《别录》和《汉书·枚乘传》中均有记载。

到了唐宋时期，"蹴鞠"活动已十分盛行，成为宫廷之中的高雅活动。1958 年 7 月，国际足联时任主席阿维兰热博士来中国时曾表示：足球起源于中国。

▼ "蹴鞠"运动至明清逐渐衰弱，清末基本消失

当然，由于封建社会的局限，中国古代的"蹴鞠"活动最终没有发展成为以"公平竞争"为原则的现代足球运动。这个质的飞跃是在英国完成的。

足球运动的推广

英国虽然不是足球运动的发源地，但却是把这项运动发扬光大的国家。初期的足球游戏并没有所谓球规、场地和人数的限制，所以经常出现粗暴的打斗行为，因而往往被视为一种粗野的运动。

英王爱德华二世甚至于1314年下令全国禁止足球运动，直至1603年，英王詹姆斯一世才再度批准这项活动。1840年，足球运动被引进校园，但各院校采用的比赛方法却不尽相同，直到1848年，剑桥大学才印行十条《剑桥大学足球规则》。自此，足球运动开始在不同的阶层蓬勃发展起来。

1863年，英国足球总会正式成立，并开始出现足球联赛，足球运动也转趋职业化。第一届足球杯比赛在1871年举行。在随后的几年间，足球的规则及装备也因比赛不同而有所更改。

19世纪末至20世纪初，足球运动迅速发展至其他国家。究其原因，不免是拜商旅及英国的殖民地政策所赐。由于足球运动在世界各地迅速发展，国际足球协会于1904年成立，便于推广国际足球运动。不过，直至1946年，英格兰与爱尔兰、苏格兰及威尔士一同加入国际足协。

1908年，足球正式被列入奥林匹克运动会的比赛项目之中。国际足协于1930年主办第一届世界杯赛事，冠军最后由乌拉圭夺得。至于亚洲方面，韩国则是第一支参加1954年在巴西举行的世界杯赛事的亚洲队伍。一向积极推广足球运动的英国，则在1966年才凭借主场之利，首次夺得世界杯冠军。

世界杯现时每4年举办一次，先经过一轮外围淘汰赛事，直至产生出最后的二十四强之后，才分组在主办国展开激斗。

◄ 想进球，没那么容易！

◄ 进球后的拥抱

世界杯

☀ 世界杯即国际足联世界杯，是世界上最高水平的足球赛事。它是由世界各洲进行预选赛，优胜者经过小组赛、八分之一决赛、四分之一决赛、半决赛、总决赛，最后决出总冠军的一种世界足球运动。每四年举办一次。

世界杯的历史进程

从 1930 年在乌拉圭举行第一届世界杯到 2006 年在德国举办第十九届世界杯已有 76 年。共产生 16 个世界冠军，分别被以下国家夺得：1930 年乌拉圭、1934 年意大利、1938 年意大利、1942 年未举行、1946 年未举行、1950 年乌拉圭、1954 年德国、1958 年巴西、1962 年巴西、1966 年英国、1970 年巴西、1974 年德国、1978 年阿根廷、1982 年意大利、1986 年阿根廷、1990 年德国、1994 年巴西、1998 年法国、2002 年巴西、2006 年意大利。其中获得一次以上的国家及明细为：巴西获得 5 次，意大利 4 次，德国 3 次，阿根廷 2 次。

世界杯球迷的狂热

对全世界的球迷来说，世界杯其实就是一场狂欢。可以在球场上，可以在电视机旁，可以在凌晨，也可以是在清晨，更可以是在黄昏。无处不在的世界杯让人在球场沸腾的热浪下情不自禁地颤抖，球迷们会因为一个进球癫狂地狂呼，为一次错失良机而捶胸顿足。世界杯是永远难以褪色的狂欢节。

▲世界杯象征着世界上最高水平的足球赛事

世界杯奖杯

世界杯赛的奖杯是 1928 年 FIFA 为得胜者特制的奖品，最初是由巴黎著名首饰技师弗列尔铸造的。其模特是希腊传说中的胜利女神尼凯，她身着古罗马束腰长袍，双臂伸直，手中捧一只大杯。1971年5月，国际足联决定采用意大利人加扎尼亚的设计方案——两个力士双手高擎地球的造型。这个造型象征着体育的威力和规模。新杯定名为"国际足联世界杯"。1974年第十届世界杯赛，联邦德国队作为冠军第一次领取了新杯。这回，国际足联规定新杯为流动奖品，不论哪个队获得多少次冠军，也不能占有此杯。

世界杯的重大意义

世界杯足球赛，早已超越了纯粹的竞技体育运动功能，它已经与国家、民族、和平、民主、自由、政治、经济、文化、社会生活等方方面面的问题紧密地联系在一起。

▲2006年德国世界杯意大利夺冠

乒乓球

乒乓球是球类运动的一种，因击球时有"乒乓"的声音，故称为乒乓球。球用赛璐珞或塑料制成，比赛使用直径 40 毫米的白色或橙色乒乓球，且无光泽，球重 2.7 克。

乒乓球发展史

乒乓球起源于英国，由网球运动派生而来。19 世纪后期，英国一些大学生在室内以桌为台，书为网，酒瓶软木塞为球，在桌上推来挡去，形成"桌上网球"游戏。1890 年，左右英格兰著名越野跑运动员吉布从美国带回空心赛璐珞球，代替软木塞。1891 年，英国的巴克斯特申请乒乓球商业专利。

20 世纪 20 年代，乒乓球逐渐在欧洲、美洲和亚洲各国广泛展开。1903 年，英国的古德发明了胶皮球拍，随即旋转削球的打法问世。1904 年，上海四马路一家文具店的经理从日本购买了 10 套乒乓球器材，从此乒乓球传入中国。

1926 年开始举办世界乒乓球锦标赛。20 世纪 50 年代，日本使用海绵贴面球拍，推出弧圈球、发球抢攻的打法。20 世纪 60 年代，中国首创近台快攻打法。

乒乓球在中国的辉煌

从 1959 年容国团获得第一个乒乓球世界冠军，到第四十七届世界乒乓球团体锦标赛上男女队双双夺冠，中国乒乓球创造了中国体育界的奇迹，也创造了乒乓球运动史上的奇迹。崛起于 20 世纪 60 年代的中国乒乓球，几十年来在对欧亚各种打法的适应与反适应中，走出了不断创新之路。据统计，在国际乒联百年历程中，共有 37 项打法与技术创新，中国选手创新了 21 项，占总数的 57 %。中国乒乓球的技术革新始终走在对手的前面。

外国人可以适应中国人的打法，但刚刚适应了一种打法，中国队又诞生了新的打法。近几年中，国际乒联为了推动乒乓球运动的普及而大胆改革，先是从 2000 年起小球换大球，接着又在 2002 年开始实行 11 分制。这些变化都给中国运动员带来过麻烦，整个 2003 年中国选手的成绩都不够理想。而在短短一年后的第四十七届世乒赛团体赛上，中国队已基本适应了这一新规则。

041

篮　球

☀ 篮球是球类运动的一种。球用皮制，内装橡皮胆，圆周 75～80 厘米，重 600～650 克。篮球球场长 28 米，宽 15 米，两端中央设有球架，在遮板上装有铁圈，上沿离地 3.05 米，圈上挂线网作球篮。

最初的篮球比赛

　　篮球是 1891 年由美国马萨诸塞州斯普林菲尔德市基督教青年会训练学校（后为春田学院）的体育教师詹姆斯·奈史密斯博士创造的。起初，他将两只桃篮分别钉在健身房内看台的栏杆上，桃篮上沿距离地面 3.04 米，用足球作为比赛工具，向篮内投掷。投球入篮得 1 分，按得分多少决定胜负。每次投球进篮后，要爬梯子将球取出再重新开始比赛。以后逐步将桃篮改为活底的铁篮，再改为铁圈下面挂网。

　　最初的篮球比赛，对上场人数、场地大小、比赛时间均无严格限制。只要求双方参加比赛的人数必须相等。比赛开始，双方队员分别站在两端线外，裁判员鸣哨并将球掷向球场中间，双方跑向场内抢球，开始比赛。首先达到预定分数的一方为胜者。

不断完善的篮球比赛规则

　　1892 年，奈史密斯制定了 13 条比赛规则。主要规定是不准持球跑，不准有粗野动作，不准用拳击球，否则即判犯规，连续 3 次犯规判负 1 分；比赛时间规定为上、下半时，各 15 分钟。上场比赛人数逐步缩减为每队 10 人、9 人、7 人，1893 年定为每队上场 5 人。

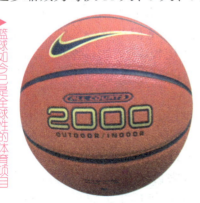

篮球如今已是全球性的体育项目

　　1904 年，在第三届奥林匹克运动会上第一次进行了篮球表演赛。1908 年，美国制定了全国统一的篮球规则，并有文字版本出版，发行于全世界。这样一来，篮球运动逐渐传遍美洲、欧洲和亚洲，成为世界性的运动项目。

　　1936 年，第十一届奥运会将男子篮球列为正式比赛项目，并统一

了世界篮球竞赛规则。此后，到
1948年的10多年间，规则曾多
次修改，与现行规则有关的重要
变化是：将得分后的中圈跳球，
改为失分队在后场端线外掷界外
球继续比赛；进攻队必须在10
秒钟内把球推进前场；球进前场
后不得再回后场；进攻队员不得
在"限制区"内停留3秒钟；投
篮队员被侵犯时，投中罚球1
次，投不中罚球2次等。

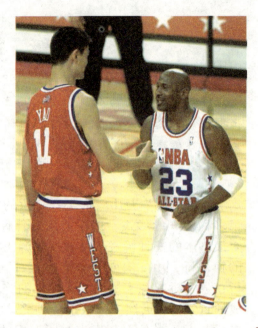

▲乔丹是一位德才兼备的球星，图为他与我
国运动员姚明共同出现在球场上的画面

043

1952年和1956年第十五、
十六两届奥运会的篮球比赛中，
出现了多名身高在2米以上的运
动员。国际业余篮球联合会曾两
次扩大篮球场地的"限制区"
（也叫"3分区"）；还规定，一
个队控制球后，必须在24秒内
投篮出手。

20世纪60年代初，有关10秒后球回后场的规定，一度因1960年
第十七届奥运会后取消了中场线改画边线的中点而中止。

1964年第十八届奥运会后，又恢复了中场线，这些规定又继续执
行。1977年增加了每队满10次犯规后，在防守犯规时罚球两次，防投
篮时犯规两罚有1次不中再加罚1次的规定。1981年又将10次犯规
后罚球的规定缩减到8次。很明显，人员的变化和技术、战术的发展
引起了规则的改变，而规则的改变又促进了人员和技术、战术的进一
步发展变化。

特别是20世纪50年代后期以来，规则的改变对篮球比赛的攻守
速度，对运动员的身体、技术、战术及意志、作风等各方面都不断提
出新的更高的要求，促进了篮球技术水平的迅速提高。女子篮球是在
1976年第二十一届奥运会上被列为正式比赛项目的。

桥 梁

☀ 桥是一种架空的人造通道，由上部结构和下部结构两部分组成。上部结构包括桥身和桥面，下部结构包括桥墩、桥台和基础。桥梁是交通线路的重要组成部分。

桥梁的演变史

在漫长的岁月中，人类在造桥的实践中积累了丰富的经验，创造了多种多样的形式。现在使用的各种桥式几乎都能在古代找到起源。有最基本的三种桥式：梁式桥起源于模仿倒伏于溪沟上的树木而建成的独木桥，由此演变为木梁桥、石梁桥，直到 19 世纪出现了桁架梁桥；悬索桥起源于模仿天然生长的跨越深沟而可用于攀缘的藤条而建成的竹索桥，后演变为铁索桥、柔式悬索桥，直至有加劲梁的悬索桥；拱桥起源于模仿石灰岩溶洞所形成的"天生桥"而建成的石拱桥道，演变为木拱桥、铸铁拱桥及横跨每个城市的立交桥。

桥梁的种类

桥梁伴随着人类生活在不断演变，不断进步。到了今天，我们所知的桥梁的种类有：木桥、石桥、砖桥、竹桥、盐桥、冰桥、藤桥、铁桥、苇桥、石柱桥、石墩桥、漫水桥、伸臂式桥、廊桥、风雨桥、竹板桥、石板桥、开合式桥、溜索桥、三边形拱桥、尖拱桥、圆拱桥、连拱桥、实腹拱桥、坦拱桥、陡拱桥、虹桥、渠道桥、曲桥、纤道桥、十字桥，以及栈道、飞阁、立交桥等。

桥梁的重大意义

建桥最主要的目的，就是解决跨水或者越谷的交通，以便于运输工具或行人在桥上畅通无阻。若从其最早或者最主要的功用来说，桥应该是专指跨水行空的道路。到了近代，桥作为疏导交通的工具，在各个城市中起到了至关重要的作用，从而加快了人们的生活节奏。

▶ 冬日里的赵州桥

044

生活与医学

Part 2

　　火的使用是人类在发展史上迈出的最辉煌的一步，将人类从动物世界里划分出来，走上了人类历史的光明道路。

　　科技每迈出一步就使人类的生活质量发生一定的改变。从人类第一次燃起火把到宇宙飞船把人类的足迹送上浩瀚太空，这不能不说是一个奇迹；从人类听天由命的生老病死到挑战上帝的克隆技术，这又是人类何等的骄傲。

　　可惜人类前进的脚步所踏起的尘埃，同样也是厚重的。它给我们的生活蒙上了一层悲痛的阴影。

火　种

火种的传说

普罗米修斯是泰坦巨人之一。传说是他设法窃走了天火，偷偷把它带给人类。宙斯对他这种肆无忌惮的违抗行为大发雷霆，于是令火神赫菲斯托斯把普罗米修斯用锁链缚在高加索山脉的一处悬崖上。饥饿的老鹰天天来啄食普罗米修斯的肝脏，而他的肝脏又总是重新长出来。他的痛苦要持续3万年，可是他坚定地面对苦难，从来不在宙斯面前丧失勇气。

在由猿变成人的初期，原始人类过着群居群婚的生活，人们生吃食物，茹毛饮血，经常生病。后来，因雷电起火，森林中的禽兽被烧死后吃起来比生食更加美味，而且火不仅可以御寒照明，还可用于防止野兽的侵袭，于是人们就把火种保存起来。但每当遇到洪水、大风和阴雨的天气，保存的火种就会熄灭，人们又将处于寒冷状态，于是人类开始寻找新的火源。就这样，人们经过长期的经验积累，探索出了人工取火的办法，这种办法就是"钻木取火"，在中国据说是由燧人氏发明的。

火种的划时代意义

火的发明和使用，对人类的发展具有十分重大的意义。有了火，才有了刀耕火种和随后的农牧业；有了火，才有了制陶业和青铜冶炼，乃至今天的工业和人类现代文明。火是一种客观存在的实际力量，也是一种精神力量。可以说，发明人工取火具有划时代的历史意义，它是人类文明史上的一项巨大贡献，是人类从动物界分化出来后走向自身发展道路的关键。

大火引发的灾难

火使人类步入了文明时代，但它并不是百利无一害的，每年世界上因火灾造成的损失不计其数。2002年12月14日下午，德国汉诺威北部的大众载重汽车公司西北部综合大楼仓库冒烟，后来发展成大众载重汽车厂发展史上最大的一场火灾，持续了19个小时，总计直接损失5000万欧元。

火 柴

☀ 火柴是目前各国应用最普遍、最便宜的取火工具，它为人类取火做出了不朽的贡献。

最早的火柴

据史料介绍，世界上第一根火柴是法国化学家钱斯尔发明的硫酸火柴。那根火柴又粗又长，棒的一端涂有氯酸钾、蔗糖和树胶，使用时将它与浓硫酸接触即可燃烧。这种方法比用火石火刀撞击要方便得多，当时人们称之为"盗火神"。可是这种火柴的价格昂贵，而且浓硫酸有很强的腐蚀性，常造成一些事故。

其实，火柴的类似物在我国 11 世纪初就有人试制过。北宋初年，民间用沾有硫黄的杉条摩擦引火，人们称它为"发烛"。但它和"盗火神"一样，也不是人类理想的引火工具。火柴的真正问世，当属磷头火柴的使用。

磷的出现与火柴的发展

1669 年，德国炼金术士布朗特在汉堡冶炼各种金属，企图从中炼出黄金。一天，他在"点石成金"的试验里，把白砂和小便放在曲颈

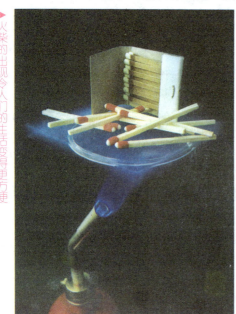

▶ 火柴的出现令人们的生活变得更方便

瓶中加热，当火烧得很旺时，突然从瓶里冒出一股白烟，凝结成一团白蜡样的东西。这团东西在黑暗中会闪闪发光，涂在墙壁上会留下光亮的痕迹，一遇到空气就会自燃起来。布朗特把这种"怪物"取名磷，意即发光体。他将磷的秘密高价卖给了一富商。1677 年，该富商将磷带到英国，遇到著名科学家波义耳。波义耳经过研究，掌握了制磷的技术，并开始了制造火柴的试验。1680 年，他终于制出原始火柴——取火

棒，即在木质细棒的一端涂上硫黄，在粗纸上涂有磷，取火时将细棒在纸上摩擦，就会点燃细棒。但是当时制磷成本很高，该成果未能推广使用。

1775年，瑞典化学家舍勒用硫酸与锻烧过的骨骼一起加热的方法成功地提取了磷。10年后，欧洲市场上出现了"磷头小烛"：一根涂有蜡质的灯芯，一端附上一小块白磷，密封在一支小玻璃管里。使用时只需打开玻璃管，白磷就使"小烛"燃烧起来。又过了40年，巴黎建立了世界上第一家工业性的白磷制造厂。

▶各种颜色的火柴头

049

1827年，英国化学家约翰·华克试制一种猎枪上用的火药时，无意中制成了世界上最早的摩擦火柴。这种白磷火柴被称为"有毒火柴"，使用不安全，不久就遭到各国禁用。后来法国人塞芬和卡亨二人又改进了配方，用三硫化四磷代替白磷作发火剂，这就是后来人们所说的"无毒火柴"。然而这种火柴在粗糙固体表面摩擦就能起火，甚至放进衣袋里稍作摩擦也会自燃，还是不够安全。

1845年，德国人施罗脱将白磷隔绝空气加热到250℃制成了红磷。从此，人们开始用红磷制火柴，最初是由瑞典制造的，故又称为瑞典火柴。其发火原理是把红磷和细砂做成胶糊涂在火柴盒边上，火柴的药糊调成胶糊沾在浸过石蜡的木棒上。使用时火柴头和盒边的红磷相摩擦，红磷局部变为白磷引起燃烧，这种火柴不仅无毒，而且必须在涂有红磷的特制火柴盒上摩擦才会着火，这就是沿用至今的"安全火柴"。

1879年，华侨卫省轩在广州创办了我国第一家火柴厂，不过当时由于产品数量少，价钱高，很少有人买得起。瑞典火柴公司利用产品价格低廉的特点，在我国市场上大量倾销，获取了巨大利润，严重打击了我国正欲兴起的火柴工业。

改革开放后我国的火柴工业得到巨大的发展，品种不断增加。火

▶用火柴做成的艺术品

柴技术人员成功地制造了抗风火柴、防水火柴、无梗火柴、彩色火柴、烟幕火柴、信号火柴等。

花样繁多的火柴品种

随着科学技术的发展，世界各国的火柴制造业也在品种上标新立异，以争夺市场。俄罗斯有人发明了一种强烈高温火柴，每根能点燃 3 小时，它会发出像氢氧吹管一样猛烈的火焰，可以用来代替电焊，切割和焊接钢铁。

日本有一种"浮世绘版画"火柴盒，每根火柴长 12 厘米，装潢相当考究。火柴盒像本古书，曾风行全世界。美国有位年轻的工程师，综合多种化学元素，发明了一种"永生"火柴，据说只要备有一根，便能长期使用。可是这位发明家成了火柴老板的眼中钉，当他宣告试验成功的当天晚上，竟遭到刺杀。后来奥地利一位化学家也研制了一种永久火柴，不过他的工艺配方很快被瑞典火柴大王克鲁格收买，人也被软禁了。美国钻石火柴公司还发明了一种新式安全火柴，它燃烧的热度只有目前火柴的一半，而且能自行熄灭。

此外，还有音乐火柴、多次燃火柴、自启式火柴、微声火柴、电影火柴、感光火柴、高级芳香火柴等，真是五花八门，应有尽有。由此可以看出，火柴很难被各种现代化的打火机所完全代替。

打火机

> ☀ 打火机是一种主要用于点燃香烟的发火器具。有汽油打火机、气体打火机、电子打火机等。

打火机的发展史

当世界上第一支手枪问世不久，第一只早期的打火机也就出现了，因为它就是用手枪改成的，叫火绒手枪。这种打火机在早期很长一段时间还被作为身份的象征和办公室的摆设。

18世纪，出现了用绳点火的打火机，之后的是以磷、煤油或者蜡为原料的打火机，以及砂轮、火绳和汽油打火机。

1853年爆发的克里米亚战争使卷烟工业迅速发展，而在此之前，只有东欧和巴尔干人抽卷烟，而西欧则以嚼烟、烟斗烟为主。打仗的时候，东欧人可以利用战斗间隙抽上几口，而他们的对手刚装上一烟袋锅就听到开拔的号声。

抽烟变得越来越方便，打火机也发展到由打火轮引燃火绳，再用火绳点着汽油的方式了。这期间，由于磷的发现，火柴也问世了，很多打火机同时也是火柴盒。

燃料问题似乎容易解决，但产生火花的方法一直颇显笨拙。我们今天所用的打火机的转轮实际上是奥地利人奥尔研制出来的，奥尔发现铁铈合金制成的金属在摩擦时很容易产生大面积的火花。这种金属就是以奥尔命名的。奥尔金属的打火轮一开始并不是现在的圆形周边呈锉状的。

经过一番摸索，这种打火机发展成火石装在火石管里，为保证火轮和火石间有足够的压力，在火石下面有一弹簧结构，蹭一下火轮子，即可产生火花。奥尔解决的是火花

▲ 李小龙金色防风打火机

产生的问题，直到今天，它仍是打火机点燃的主流方式。不过人们并不是一开始就想到用转轮，曾采用半转轮，但很快意识到这种往复式的半轮的缺点是火石磨损过快，因为即使不打火时也要磨一下火石。

后来科技的发展使人们发明了电打火。现代烧液体和气体燃料的汽车都是通过火花塞放电点火的。

打火机迅速发展的时代

当火花问题和燃料问题解决后，打火机工业得以迅猛发展。19世纪末20世纪初，到处都是打火机厂，机壳的原料层出不穷，有的用金属，有的用电木（酚醛树脂），真是百花齐放。德国的一些犹太人因不堪忍受纳粹的摧残，移居到英美等地，其中就有些打火机制造商逃到伦敦，他们开始在英国制造打火机。这时开烟斗店的登喜路也开始造打火机。

而此时在美洲，一名叫阿兰森的人造出了兰森打火机，并为它的班卓琴形状申请了专利。这种装有汽油、火石的打火机辉煌了很长一段时间，后来同众多厂家一样停产了。

在打火机制造史上，最具有传奇色彩，并且生命力最长久的要数美国的 Zippo 打火机了（至今在全世界的百货店里都能见到）。

1932年，正值美国大萧条的中期。一个雾气腾腾的夏晚，在美国宾夕法尼亚州布拉德福德的乡村俱乐部里，乔治·勃雷斯代与一个朋友在神侃。他的朋友在用一美元一个的奥地利打火机点烟，那是一个十分难看的打火机。

"凭你的穿戴，难道你不能用像样一点的打火机吗？"

"你知道吗？乔治。"他朋友回答，"这玩意儿管用！"

奥地利人似乎没心思完善他们的发明，乔治则对这种打火机进行了改进。他将奥地利打火机改成方块盒，握在手中很合适。打火机盖用一个合页与机身相连，在棉芯周围加一个防风网，方便又美观的打火机诞生了。这就是 Zippo 及其创始人乔治·勃雷斯代的故事。

与众不同的是，在一次次追逐时髦的浪潮中，Zippo 却拒绝一次性消费，主张终身保用，这为收藏提供了极大的方便。Zippo 的外形在过去70来年中始终没有变，也就是说，如果你搞到一只1934年的 Zipo，它会跟千禧年纪念版的 Zippo 一样大小。更有趣的是，即使是1932年的原型 Zippo，其燃烧器部分仍与最新的 Zippo 通用。

香 烟

> 烟草含有尼古丁，是一种生物碱，可以刺激人类神经兴奋，长期使用耐受量会增加，但也会使人产生依赖性。

烟草的传说

烟草原产于美洲，在明代由菲律宾传入中国，其名"tabacco"被音译为"淡吧菰"，故当时中国人认为烟草产于菲律宾，并虚构了一个"淡巴国"。传说在"淡巴国"，有一位公主死了，根据那儿的风俗，人死了都实行天葬。于是，在举行了隆重的遗体告别仪式后，公主的遗体被抬到野外的草地上，让鸟兽啄食、吃光，而后升入天堂。

奇怪的是，过了三天，公主不但没有被鸟兽吃掉，反而活着回来了。原来，公主受到草地上一种植物的辛辣气味刺激后苏醒了，这种植物就是烟草。从此，烟草就以"还魂草"的名字开始传播。据说烟草最初是用来治病的，"还魂"就是起死回生的意思。

烟草的吸食与传播

吸烟始于何时，史书无确切记载。根据考古发现，在墨西哥恰帕斯州博南克的一座建于公元前 432 年的神殿里，镌刻着一幅"祭司吸烟"的石刻浮雕。

另外，考古学家在南美洲阿里诺斯北部的普伯洛发现，在公元前 650 年原住民居住过的洞穴里，有宽大的烟叶和烟斗并列在一起，这说明当地的土著居民早在 2 600 多年以前就已经开始吸烟了。

在早期的美洲原住民看来，烟是人与神之间的重要交流媒介，也是"天神"的食

不同的香烟时常作为不同阶层人士标示自己身份的象征

▲1902年，美国烟草公司和英国的帝国烟草公司联合成立了英美烟草公司，从而结束了两大巨头之间由来已久的销售大战。Lucky Strike 品牌是英美烟草 1903 年从一家退出烟草行业的美国公司手中收购的品牌

物。因此，美洲原住民先民们认为人吸了烟可以驱邪消灾。

墨西哥的玛雅人则认为，雨神吸烟后会造福于人类，使大地风调雨顺。所以每逢干旱季节，他们都要举行隆重的祈雨仪式，众人围坐在一起，点燃一堆堆野生烟叶，吸取冒出的青烟，然后仰面朝天，吞云吐雾。

因此，有历史学家认为，墨西哥的土著人是世界上最早学会吸烟的人。

烟草原产于美洲，原住民发现其中含有可以兴奋神经的物质，人们在部落会议和祭祀活动中，总是要大量吸食燃烧的烟草。后来西班牙殖民者将其带到欧洲。最早的西班牙水手回国吞云吐雾时，曾经使家乡的人大惊失色，认为他们和魔鬼打上了交道，但很快烟草的使用就风行全欧洲，并逐渐向世界普及。17 世纪烟草传入中国。

香烟的危害

根据美国国家癌症研究所和世界卫生组织撰写的《烟草与烟草控制经济学》，预计到 2030 年，烟草造成的死亡人数将增至每年约 800 万人。

有关医学研究表明，吸烟是导致心脑血管疾病、癌症、慢性阻塞性肺病等多种疾患的重要因素。烟草的烟雾中约有 4 000 种有害物质，其中许多物质可导致癌症。吸烟是导致肺癌的首要危险因素，吸烟还会造成许多癌症，如膀胱癌、胃癌、肠道癌、前列腺癌、咽喉癌和舌癌等。

二手烟的严重危害

香烟不仅直接危害人类的健康，并且抽烟之后产生的二手烟给人类造成的危害也是一个无形杀手。

二手烟是最常见的危害儿童健康的污染物。据世界卫生组织评估，二手烟对儿童健康的危害主要有引发儿童哮喘、幼儿猝死综合征、气管炎、肺炎和耳部炎症等。

酿酒术

> 酿酒术是指用粮食、水果等含淀粉或糖的物质经过酒精发酵制成含乙醇的饮料的一种方法。

是谁发明了造酒术

饮酒之风在我国流行了数千年。那么，酿酒术最早是谁发明的呢？一说是仪狄发明的。《吕氏春秋》和《战国策·魏策二》中记载，大约在夏禹时代，有一个叫仪狄的人制成美酒，进献给大禹。禹饮后觉其味甘，感叹道："后世必有以酒亡其国者。"于是，就疏远仪狄，从此断绝酿酒。《孟子》中也有"禹恶旨酒"的记载，可见夏禹时代已有酿酒术。一说杜康或少康最早制成酒，不过据有关资料记载，我国在黄帝时期就已出现了酒。

古老的酿酒术

中国是最早掌握酿酒技术的国家之一。中国古代在酿酒技术上的一项重要发明，就是用曲造酒。约在公元前 6000 年，美索不达米亚地区就已出现雕刻着啤酒制作方法的黏土板。公元前 4000 年左右，美索

杜康仙庄内的酒杯泉

不达米亚地区已用大麦、小麦、蜂蜜等制作了16种啤酒。公元前3000年左右，该地区已开始用苦味剂酿造啤酒。到公元前4600多年，美索不达米亚地区开始种植葡萄并用以酿酒。

酿酒术的发展和传播

在3 200年前，我国人民发明了曲蘖，而且可以熟练地用它酿酒，为我国后来独特的酿酒方法——酒曲法和固态发酵法奠定了基础。

到商周时期，酿酒业已具有相当大的规模，国家出现专门执掌酒业的官员，如酒正、酒人、浆水等。汉代发现多种制酒用的酒曲，西晋制出可治病的药酒。这些酒都不是烈性酒，有用谷物酿制的米酒，有用果品制作的果酒。烈性白酒大概出现在宋金时代，通常酒精含量在40度以上。

古代西方用麦芽酿成啤酒，直到今天，威士忌、伏特加仍用麦芽糖化，再加入酵母进行酒精发酵制成。19世纪末，欧洲人研究了我国的酒曲，才知道我国的这种独特的方法，称之为"淀粉发酵法"。

酒的用途与文化内涵

中华民族在9 000年前就掌握了酿酒术。酒既可作为饮料，又可活血、养气、暖胃、驱寒，中医素有"医源于酒"之说。

酒自产生以来，便是情感和文化的重要载体。李白诗句曰："天若不爱酒，酒星不在天"。欧洲宗教改革的领袖马丁·路德曾说，"谁不爱美酒、女人和歌，他就终生是个傻瓜。"

酒渗透到了人们社会生活的每个角落。喝酒，已作为文化传统的一部分，深深地积淀在民族文化之中。我们现在讨论酒文化的意义很大，简单说就是探讨民族或人类文明中的一个部分。

酒是人们表达情感、寄托理想、增进友谊、扩大交往、维持心理平衡、调节人际关系不可缺少的精神伴侣。

饮酒的危害

长期过量饮酒，对人的胃肠、心脏、肝脏、肾脏等都会有不良的影响，容易导致一些疾病的发生，最常见的有慢性胃炎、中毒性肝炎、心肌肥大、尿路结石、痛风性关节炎、急性胰腺炎等。

酒精会在不知不觉中悄悄损害脑细胞、微血管，使人感觉迟钝、注意力不集中、情绪变化无常，损害人的思维和注意力，到了一定程度就可能出现脑萎缩、脑缺血、脑动脉硬化、阿尔茨海默病。

方便面

> ☀ 方便面又称"快餐面"，由于吃起来方便、快捷，已经成为当今世界上最流行、最方便的食品之一。

方便面的优点

方便面具有方便、省时、经济的特点，如今已成为广大消费者理想的快餐食品。方便面是 20 世纪世界食品工业中的一颗灿烂明珠，被日本评为 20 世纪最伟大的发明之一，比随身听等电器音响设备的名次还高。目前，方便面已成为国际性的方便食品。

日本人发明了方便面

"二战"后日本粮食严重不足，人们饿得连薯秧都吃。安藤百福偶然经过一家拉面摊，看到穿着简陋的人群顶着寒风排起了几十米的长队，他不由得对拉面产生了极大的兴趣。

1958 年春天，安藤百福在大阪府池田市的住宅后院建起了一个 10 平方米的研究室，找来了一台旧制面机，然后买了一个直径 1 米的中华炒锅、一袋 18 千克的面粉、食用油等，开始潜心研究方便面。安藤百福设想的方便面是一种只要加入热水立刻就能食用的快餐面，食用起来非常简便。

功夫不负有心人。1958 年，他发明的首包鸡肉方便面问世。同年，安藤将中交总社易名为日清食品公司。1968 年，日清王牌产品"出前一丁"诞生。1971年，日清首次推出杯装速食面，随即风靡全球。

▶ 方便面是 20 世纪世界食品工业中的一颗明珠

方便面的广泛传播

20 世纪 60 年代，方便面开始在日本流行，并渐渐传到国外。几十年后的今天，方便面已成为风靡世界的食品。根据有关统计资料估算，2003 年全世界的方便面消费量为 652.5 亿袋。方便面年消费量居世界前 5 位的国家依次是中国、印度尼西亚、日本、美国、韩国，其中我国 2003 年共消费了 277 亿袋，即全世界约 42 % 的方便面是由我们中国人消费掉的。

方便面的制作工艺

首先，在面粉中加入 33 % 的水，采用和面机将面和好，然后将面放入压面机中压成面片，再经切割机切成面条。切好后的面条经传送带送入蒸煮机，蒸煮 1 ~ 2 分钟，然后进行着味处理。着味处理的方法一般有两种：一是浸泡法，二是喷雾法。着味后的面条使用切面机切成段并分份，非油炸方便面直接使用 95 ℃的热风烘干即可，油炸方便面还需用 130 ~ 50 ℃的沸油炸制。经过油炸的方便面，组织呈多孔状，其口味比热风烘干的方便面要好得多。

方便面的危害

经常以方便面为食，结果必然造成脂肪量、热量的长期过多摄入，从而导致肥胖，并促使心脏病、糖尿病、高血脂、高血压等与肥胖相关疾病的发生。同时，由于其他营养物质的长期缺乏，又会造成人体营养不良，从而又会导致另外一系列的疾病的发生，其后果是十分严重的。

专家指出，当今社会上肥胖儿童增多。这些儿童中很大一部分在发生肥胖的同时还伴随着营养不良的现象，其罪魁祸首之一就是方便面。所以，方便面不能成为生活中的主打食品。在以方便面为正餐的同时，应注意同时补充足够的新鲜蔬菜、水果等，注意补充维生素、矿物质、蛋白质等营养。

▶ 看似美味，但不可过多食之

味 精

味精是食用调味品之一，白色结晶有光泽，具有强烈的鲜味，化学名是谷氨酸钠。最初取用酸水解法，利用小麦面筋等蛋白质原料制成，现在也用甜菜糖蜜中所含的焦谷氨酸制成，或用化学方法合成。

味精的偶然发现

人们经常见到许多食品的包装上标有"成分中含谷氨酸钠"的字样。谷氨酸钠就是我们通常所说的味精。它的发现是极其偶然的。

1908 年的一天，日本东京帝国大学的化学教授池田菊苗，正狼吞虎咽地吃着妻子为他准备的可口菜肴，他突然停止了进餐，向妻子问道："今天的汤怎么如此鲜美？"他用小勺在汤里搅动了几下，发现汤中只有海带和几片黄瓜。他若有所思地自言自语道："海带里的奥妙。"

此后，他对海带进行了半年多的研究，最终发现海带中含有谷氨酸钠，正是它使菜肴鲜美无比，于是将其定名为"味精"。以后他又从小麦中提取出味精。不久，味精便风行全世界。现在多以淀粉为原料，通过微生物发酵，或用人工的方法合成味精。

味精因其味道鲜美，成为食品和菜肴美味的调料，深受人们喜爱。一部分医学人士认为，食用味精能改变胃的分泌功能，可以用它来治疗胃液酸度过低及慢性萎缩性胃炎。由于人的大脑组织能氧化谷氨酸钠而产生能量，因此适量食用味精有助于促使脑神经疲劳的缓解。

使用味精时，

▲在日常食谱中，味精成了人们必备的调味品

除要注意适量外，还应注意，必须在菜做好或汤煮好快起锅时加入味精，切不可高温干炒或油炸味精，因为高温下味精容易发生化学反应而失去鲜味。另外，味精易与酸碱发生反应而失效，因此，不宜将味精和酸碱调味品混合使用。

味精的危害

味精的主要成分为谷氨酸钠，谷氨酸钠是一种潜在的食品污染物质。通过大量的动物实验和社会危害调查证明，若摄取过量的味精可能会引起头痛、恶心、发热、血糖升高等症状。长期食用过量的味精会降低人体的正常抵抗力，减少人体对维生素的吸收，甚至引起其他疾病。同时，味精摄取过多还会引起骨骼及骨髓发育变异，并导致精神异常，情绪焦躁，兴奋过度。

味精的主要成分谷氨酸钠在 100 ℃以上的高温中会遇热分解产生变异物质"异吡唑"，摄入后可引起结肠、小肠、肝脏、大脑等部位的癌病变。

味精的毒性会使脑下丘过于敏感，危及受脑下丘控制的生殖器官、生殖系统，使性成熟异常，并会造成视网膜损伤。味精还会干扰与破坏内分泌，抑制激素的产生，使生长激素、催乳激素、甲状腺激素、性激素的分泌明显减少。

味精的食用量

世界卫生组织（WHO）规定了味精摄取的明确限量：每千克体重每天容许摄取量以不超过 120 毫克为宜，12 周岁以下的儿童不在此例。同时，凡需经过高温烹制的菜肴，不可将味精与生菜同时下锅，以免产生致癌物质。另外，味精也不是越多越鲜。炒菜做汤时，放适量味精，起到增鲜就可以，味精放多了，反而会感到舌头发麻，产生一种似咸非咸、似涩非涩的怪味。

▶ 味精在高温下使用时容易产生毒素，对人体健康不利

杂交水稻

☀ 杂交水稻是由两个具有不同遗传特性的水稻品种或类型，一个作为母本，一个作为父本，经有性杂交以后产生的一种新的杂合体。这种杂交种的第一代，在生产优势、适应性及经济性等方面胜过母本和父本，这种现象称为杂种优势。

杂交技术的历史

杂种优势的利用，早在我国先秦时期就有记载，生产上也有成功的应用。1763 年，柯路德开始对杂种优势现象进行观察研究；1866年，孟德尔根据豌豆试验，首次提出杂种活力一词；1876 年，达尔文提出杂种优势是由两性因素具有某种程度的分化所致；20 世纪初，美国科学家沙尔提倡种植杂种玉米，1936—1945 年在美国大力推广；我国自 20 世纪 50 年代起开始广泛推行杂交玉米、杂交高粱的品系选育和制种技术。

但是，水稻杂交育种方面的研究一直是薄弱环节。直到 20 世纪 60年代，农业科技界仍然不敢想象能在水稻生产中利用杂种优势，因为水稻是自花授粉作物，即雌雄同花，人工杂交制种充满困难。

杂交水稻的发明

袁隆平长期从事杂交水稻育种理论研究和制种技术实践。1964 年首先提出培育"不育系、保持系、恢复系"三系法利用水稻杂种优势的设想并进行科学实验。1970年，袁隆平与其助手李必湖和冯克珊在海南发现一株花粉败育的雄性不育野生稻，成为突破"三系"配套的关键。1972 年育成中国第一个大面积应用的水稻雄性不育系"二九

▲对科研一丝不苟的"杂交水稻之父"袁隆平

▶ 亚优419号杂交水稻

南一号 A"和相应的保持系"二九南一号 B",次年育成了第一个大面积推广的强优组合"南优二号",并研究出整套制种技术。1986 年提出杂交水稻育种分为"三系法品种间杂种优势利用、两系法亚种间杂种优势利用到一系法远缘杂种优势利用"的战略设想。袁隆平被同行誉为"杂交水稻之父"。

杂交水稻的传播

现在已有 20 多个国家引种杂交水稻。联合国粮农组织把在全球范围内推广杂交水稻技术作为一项战略计划,20 世纪 90 年代以来专门立项支持在世界一些产稻国家发展杂交水稻。袁隆平受聘为联合国粮农组织的首席顾问。这些年他每年都出国指导,还派出了许多专家担任顾问,多次赴印度、越南、缅甸、孟加拉国等国指导,并为这些国家培训技术专家。1981—1998 年,湖南杂交水稻研究中心共举办了 38 期国际杂交水稻培训班,培训了来自 15 个以上国家的 100 多名科技人员。1998 年,越南和印度种植面积已分别超过了 10 万公顷和 20 万公顷,并且取得了每公顷增产 1～2 吨的效果。杂交水稻在解决世界饥饿问题上正日益显示出其强大的实力。

杂交水稻带来了粮食的丰收

20 世纪 70 年代,我国农业科技界的一项重大发明——杂交水稻,掀开了水稻生产史上崭新的一页,并使我国成为世界上第一个成功培育杂交水稻并大面积应用于生产的国家。以袁隆平为首取得的该项成果于 1981 年获得了我国迄今为止唯一的国家特等发明奖。截至 1999 年,我国已累计种植杂交水稻 2 亿多公顷,增产稻谷 3000 多亿千克。

杂交水稻的广泛种植大幅度提高了水稻产量,为解决我国这个拥有十几亿人口的大国的粮食自给难题做出了不可磨灭的贡献。杂交水稻不仅在生产上为大幅度提高水稻产量开辟了新途径,而且在学术上为自花授粉作物闯出了利用杂种优势的新路子,大大丰富了农作物遗传育种的理论与实践,成为人类水稻种植史上一次重大的飞跃。

洗涤剂

☀ 洗涤剂是具有去污能力的物质。在水溶液中降低水的表面张力，并发生湿润、乳化、分散发泡等作用，从而用以洗净皮肤、纤维、金属等表面上所附的污垢。

洗涤剂的发明

第一次世界大战期间，德国制造肥皂的油料短缺，因此化学家们研制了一种合成替代品——洗涤剂。这是一种由酒精和樟脑制成的化合物。肥皂与水中的矿物质结合时产生泡沫，洗涤剂则不会。经过不断地改进，洗涤剂的清洁效果已超过了肥皂。

强有力的去污效果

实践证明，在织物的水洗中只有阴离子表面活性剂和非离子型表面活性剂对织物去污能够起到正面有效的作用。因此这两种表面活性剂就成了衣物洗涤剂的主要材料。洗涤剂对皮肤、纤维、金属等表面上所附的污垢有极强的去污能力，是当今最常用的生活用品。

洗涤剂的危害

合成洗涤剂的产量现在已经超过肥皂产量。我国合成洗涤剂的主要成分是十二烷基苯磺酸钠，占洗涤剂总产量的 90％。合成洗涤剂易溶于水，随着洗衣机的广泛使用，用量越来越大。但是洗涤剂属于表面活性物质，是一种有机物，在光热条件下易氧化分解，大量消耗水中的溶解氧，致使水中的鱼和贝类等生物因缺氧而不能正常生长，甚至死亡。

此外，洗涤剂的表面活性作用还会使水中的有毒有机物的溶解度增加，废水毒性增强，威胁生物的生存，也会污染地下水质，最终危害人体健康。

洗涤剂中含有的十二烷基苯磺酸钠，是造价较低的表面活性剂，在水中易产生泡沫，并具有较好的去污能力。但是高浓度的十二烷基苯磺酸钠可以破坏生物原有的生理平衡机制，干扰生物体内正常的生理生化作用。对生殖系统而言，大量的表面活性剂可以明显降低精子的活性。

丝 绸

> 所谓丝绸，是指由蚕丝或蚕丝织成与其他纤维交织而成的织物。穿着舒适柔软，对滋养和保护皮肤有相当重要的作用。全球约4/5的丝绸产自中国。绚丽多姿的中国丝绸，自古以来饮誉世界。

古老的丝绸起源

关于丝绸的起源，我国古代史籍中记载着不少神话传说。中国丝绸，源远流长。在距今约5 000年的新石器时代，我国长江流域和黄河流域就已出现了丝绸的初影。

1. 浙江湖州钱山漾出土的绢片距今约4 750年，为长江流域出土最早、最完整的丝织品。

2. 河南荥阳青台村出土的罗织物距今约5 630年，是黄河流域发现最早的丝织品。

3. 浙江余姚河姆渡出土的原始织机，是我国新石器时代纺织技术上的重要成就之一。

精美的中国丝绸

中国是发明丝绸最早的国家。传说是远古时代黄帝的妻子嫘祖发明了养蚕，并且教给人民养蚕、缫丝、织绸的技术。考古学家们认为，中国的蚕桑丝织生产至少有4 000年的历史。

▶ 花纹美丽、质地精良的丝绸织品

从周朝开始，中国古代王朝的政府就有负责生产丝绸的官员。几千年来，中国的丝织业不断地发展。在古代，丝绸很早就成为宫廷贵族的主要衣料和对外贸易的重要商品。

中国古代丝绸品种

丰富多彩：帛、缦、绨是没有花纹的普通丝织品；缟、纨、纱、罗是细薄的丝织品；绮是有花纹和图案的丝织品；绫是以斜纹组织变化起花的丝织品；织绵和缂丝是多彩织花的高级丝织艺术品。

丝绸用处很广，它可以用来做衣料，也可以用来装裱书画，还可以作为礼品，赠送给尊贵的朋友。

自从2000多年前汉朝著名的外交家张骞打通了"丝绸之路"，华美的中国丝绸就开始源源不断地输往西亚和欧洲各国。西方人十分喜爱中国丝绸。据说在1世纪时，一位古罗马皇帝曾穿着中国的丝绸袍去看戏，顿时轰动了整个剧场。从此，人们都希望能穿上中国的丝绸衣服；中国也因此被称为"丝国"。

中国几千年的丝绸业

专家们根据考古学的发现推测，在距今五六千年前的新石器时代中期，中国便开始养蚕、取丝、织绸了。到了商代，丝绸生产已经初具规模，具有较高的工艺水平，有了复杂的织机和织造手艺。

在西周及春秋战国时期，各主要诸侯国几乎都能生产丝绸；丝绸的花色品种也丰富起来，主要分为绢、绮、锦三大类。锦的出现是中国丝绸史上的一个重要的里程碑，它把蚕丝优秀性能和美术结合起来。

唐朝的丝绸生产，无论产量、质量还是品种都达到了前所未有的水平。丝绸的生产组织分为宫廷手工业、农村副业和独立手工业三种，规模较前代大大扩充了。同时，丝绸的对外贸易也得到巨大的发展，不但"丝绸之路"的通道增加到了三条，而且贸易的频繁程度也空前高涨。丝绸的生产和贸易为唐代的繁荣做出了巨大的贡献。

清朝后期，中国丝绸业在苛捐杂税和洋绸倾销的双重打击下，陷入了十分可悲的境地。直至中华人民共和国成立后，丝绸业进入了一个新的历史时期。经过多年的努力，中国又争得了在世界丝绸市场上的主导地位，丝绸业成为国家的创汇支柱产业。

▲中国丝绸是印度妇女的最爱，她们的纱丽就是用丝绸做的

塑　料

塑料，照字面讲，是可以塑造的材料，也就是具有可塑性的材料。现今的塑料是用树脂在一定温度和压力下浇铸、挤压、吹塑或注射到模型中冷却成型的一类材料的总称。

塑料的发展

现代塑料工业形成于 1930 年，90 多年来获得了飞速发展。1846 年用纤维素（棉花）和硝酸制得硝酸纤维素。后来人们又将潮湿的硝酸纤维素和樟脑混合，制成虫胶的代用品，于 1872 年建厂生产。

虽然从它被发现至今已有约 150 年，但目前这种材料仍在广泛使用，常用名称为赛璐珞，用于制作乒乓球、玩具、梳子、钮扣等。

从 1907 年建立第一个酚醛树脂厂起，塑料便开始进入合成高分子时期。1931 年开始了第一个热塑性树脂聚氯乙烯树脂的工业生产，此后合成高分子工业发展迅速，聚苯乙烯、聚乙酸乙烯酯、聚甲基丙烯酸甲酯等陆续工业化生产。

20 世纪 30 年代，尼龙问世，它的出现为此后各种塑料的发明和生产奠定了基础。由于第二次世界大战中石油化学工业的发展，塑料的原料以石油取代了煤炭，塑料制造业也得到飞速的发展。

▲塑料制品渗透到了人们生活的方方面面

塑料的发明及其运用

19 世纪 60 年代，美国由于象牙供应不足，制造台球的原料缺乏。1869 年最早的人工制造的塑料赛璐珞取得专利。赛璐珞虽是最早的人工制造塑料，但它是人造塑料，而不是合成塑料。第一种合成塑料是在 20 世纪初由美国化学家贝克兰将酚醛树脂加热模压而制得的。贝克兰将酚醛树脂添加木屑加热、加压模塑成各种制品，命名为"酚醛树脂"。第一次世界大战后，无线电、收音机等电气工业迅猛发展，更增加了对酚醛树脂的需求。

塑料是一种很轻的物质，用很低的温度加热就能使它变软，随心所欲地做成各种形状的东西。塑料制品色彩鲜艳，重量轻，不怕摔，经济耐用，它的问世不仅给人们的生活带来了诸多方便，也极大地推动了工业的发展。

塑料给人类带来的麻烦

《新快报》：英国《卫报》2006 年 10 月 18 日评出"人类最糟糕的发明"，塑料袋不幸"荣获"这一称号。

《卫报》称，我们的地球似乎已经变成了"塑料星球"，土地、河流、高山、海洋……，塑料袋无处不在。直到有一天，我们都已离去，这些家伙仍然占据着地球，因为它们是"永生"的。

南非的"白色污染"更为严重，大风吹过，树木上挂满了塑料袋，不知道的人还以为是下雪了。

塑料的发明可以说是一把锋利的双刃剑。塑料在给人们的生活带来方便的同时，也给环境带来了难以收拾的后患。人们把塑料给环境带来的灾难称为"白色污染"。

由于塑料是从石油或煤炭中提取的化学石油产品，它一旦生产出来很难自然降解。塑料埋在地下 400 年也不会腐烂降解，大量的塑料废弃物填埋在地下，会破坏土壤的通透性，使土壤板结，影响植物的生长。如果家畜误食了混入饲料或残留在野外的塑料，也会因消化道梗阻而死亡。

目前，很多国家都采取焚烧（热能源再生）或再加工制造（制品再生）的办法处理废弃塑料。这两种办法使废弃塑料得到再生利用，达到了节约资源的目的。但由于废弃塑料在焚烧或再加工时会产生对人体有害的气体，污染环境，其中所产生的二 英里面含有 16 种有毒气体，因此可以说废弃塑料的处理至今仍是环保工作中最令人头疼的一大难题。

电视机

电视接收机简称电视机，它是把电视信号复原为图像信号及伴音信号的装置。它的作用在于放大信号、选择频道、抑制干扰、解调信号还原成图像及伴音信号，借同步和扫描作用使显像管正确显示出无畸变的图像。

电视的接收方式

电视信号的接收，主要分为地面广播电视接收、电缆电视技术接收、卫星直播电视接收三种方式。普通电视机能直接接收地面广播电视和电缆电视，附加一定设备就可接收卫星直播电视。

电视接收机的任务就是将接收到的电视信号转变成黑白或者彩色图像。它对电视信号可采用模拟或者数字处理方式。目前电视机大部分是数字信号处理电视机。电视信号的接收正朝着数字处理和多种视听信息综合接收的方向发展。当代科学技术的飞跃，引起了电视接收技术的变革。其主要表现如下。

1.利用数字集成电路，对电视信号进行数字化处理，以便压缩频带，获得高质量的图像。

2.利用超声波、红外线和微处理技术实现遥控，完成选台、音量调节、对比度、亮度、色饱和度、静噪控制、电源开关、复位控制等遥控动作。

3.利用微处理技术进行自动搜索，自动记忆，预编节目程序。利用频率合成技术和存贮技术，在屏幕上显示时间、频道数和做电视游戏等。

早期的电视机

我国电视机的迅猛发展

1958 年 3 月 17 日，被誉为"华夏第一屏"的北京牌 14 英寸黑白电视机在天津 712 无线电厂诞生。

1970 年 12 月 26 日，我国第

一台彩色电视机在同一地点诞生，从此拉开了中国彩电生产的序幕。

1978年，国家批准引进第一条彩电生产线，定点在原上海电视机厂即现在的上海广电集团进行生产。1982年10月份竣工投产。不久，国内第一个彩管厂咸阳彩虹厂成立。这期间我国彩电业迅速升温，并很快形成规模，全国引进大大小小彩电生产线100多条，并涌现熊猫、金星、牡丹、飞跃等一大批国产品牌。

1985年，中国电视机产量已达1 663万台，超过了美国，仅次于日本，成为世界第二的电视机生产大国。但由于我国电视机市场受结构、价格、消费能力等条件的限制，电视机普及率还很低，城乡每百户拥有电视机量分别只有17.2台和0.8台。

1987年，我国电视机产量已达1 934万台，超过了日本，成为世界最大的电视机生产国。1985—1993年，中国彩电市场实现了大规模从黑白电视替换到彩色电视的升级换代。

1993年，TCL在上半年开始推出"TCL王牌"大屏幕彩电，29英寸彩电的市场价格约6 000元，到年底已经售出10多万台。

1996年3月，长虹向全国发布了第一次大规模降价的宣言——降低彩电价格8%~18%。两个月后，康佳随后跟进，打响了彩电业历史上规模空前的价格战。当年4月，长虹的销售额跃居市场第一，国产品牌通过价格战将国外品牌大量的市场份额夺在了手中。这场降价战后来也导致整个中国彩电业的大洗牌，几十家彩电生产厂商从此退出。

1999年，消费级等离子彩电出现在国内商场。当时40英寸等离子

▲TCL 全球最薄液晶电视机薄绝系列 L52H78F

彩电的价格在十几万元。

2001 年，中国彩电业大面积亏损，康佳、厦华、高路华亏损，长虹每股赢利只有 1 分钱，这种局面直到 2002 年才通过技术提升得以扭转。

2002 年，长虹宣布研制成功了中国屏幕最大的液晶电视。其屏幕尺寸大大突破 22 英寸的传统业界极限，屏幕尺寸达到了 30 英寸，当时被誉为"中国第一屏"。

2002 年，TCL 发动等离子电视"普及风暴"，开启了等离子电视走向消费者家庭的大门，海信随即跟进。

2003 年 4 月，倪润峰掀起背投普及计划，背投电视最高降幅达 40 ％。

2004 年，美国开始对中国彩电实施反倾销，导致中国彩电无法直接进入美国市场。

2004 年，中国彩电总销量是 3 500 万台，其中平板电视销量不过区区 40 万台，占整个彩电产品的 1.14 ％。

2004 年 10 月开始，平板电视在国内几个主要大城市市场的销售额首次超过了传统 CRT（模拟）彩电。

2005 年上半年，我国平板彩电的销售量达到 72.5 万台，同比增长 260 ％；城市家庭液晶电视拥有率达到了 3.56 ％，等离子电视拥有率也达到了 2.81 ％。

电视机的分类

（1）按色彩：彩色电视机、黑白电视机。

（2）按尺寸：5 英寸、14 英寸、18 英寸、21 英寸、25 英寸、29 英寸、34 英寸、背投及其他。

（3）按屏幕：球面彩电、平面直角彩电、超平彩电、纯平彩电。

（4）按显像管：普通电子管彩电、液晶显示彩电、等离子彩电。

▶ 电视信号与卫星接收器

电冰箱

冷藏食物与药品用的电器器具，大小以其箱体的有效内容积表示，目前大多在 50～300 升之间。按功能有冷藏箱、冷藏冻箱、冷冻箱三大类；按冷却方式有直冷式和间冷式。电冰箱由压缩机、冷凝器、干燥过滤器、毛细管、蒸发器等部件组成。

冰箱发展史

4 000 年前，美索不达米亚地区的人们就知道将肉储藏在装满冰块的洞穴中。1850 年左右，美国首先推出的家庭用冰柜，也是使用天然的冰块，但并未达到冷冻效果。第一台电冰箱是瑞典的普拉登与孟德斯在 1923 年发明制造的。首先使用氟氯气体为冰冻剂的冰箱，是 1930 年在美国发明的。1930—1940 年，附有冷冻机的电冰箱已经普及美国每个家庭。随着生活水平的逐渐提高，电冰箱已成为相当普遍的电器家用品。

071

冰箱的发明

第一台人工制冷压缩机是由哈里森在 1851 年发明的。哈里森是澳大利亚《基朗广告报》的老板，在一次用乙醚清洗铅字时，他发现乙醚涂在金属上有强烈的冷却作用。哈里森经过研究制出了使用乙醚和压力泵的冷冻机，并把它应用在澳大利亚维多利的一家酿酒厂，供酿酒时制冷降温用。这就是冰箱最初的发明。

冰箱的工作原理

世界上的物质有三态：气态、固态和液态。在一定条件下三态可以相互转化。液体由液态变为气态时，会吸收很多热量，简称为"液体汽化吸热"，电冰箱就是利用液体汽化吸热来制冷的。

便于携带的迷你冰箱

冰箱的作用

电冰箱已成为现在家庭的普遍家用电器之一，延迟了食物的腐坏期，为人类生活带来方便和健康保障。

空 调

☀ 空气调节器，能够调节房屋、机舱、船舱、车厢等内部的空气温度、湿度、洁净度、气流速度等，使室内达到一定的要求。

空调的发明

美国人威利斯·开利于 1902 年设计了第一个空调系统。1906 年他以"空气处理装置"为名申请了专利。开利最初的解决方法是：将空气吹过冷盘管，这虽然没有大获成功，但却激励了这位 25 岁的年轻人。此后，他开始为印刷厂、面包房、纺织厂和其他对稳定的空气条件有较高要求的行业研制功率更大、更为可靠的冷却系统。

▶威利斯·开利博士从发明世界上第一套科学空调系统开始，就一直引领着空调行业的发展

空调工作原理

首先，低压的气态制冷剂被吸入压缩机，被压缩成高温高压的气体；其次，气态制冷剂流到室外的冷凝器，在向室外散热过程中，逐渐冷凝成高压液体；最后，气态制冷剂通过节流装置降压（同时也降温）又变成低温低压的气液混合物。此时，气液混合的制冷剂就可以发挥空调制冷的"威力"，进入室内的蒸发器，通过吸收室内空气中的热量而不断汽化，这样房间的温度降低了，它也变成了低压气体，重新进入压缩机。如此循环，使气温变低或者调高。

空调业的发展

1902 年 7 月 17 日，空调时代首先从印刷厂首次使用冷气机而开始。很快，其他的行业如纺织业、化工业、制药业、食品甚至军火业等不同行业开始使用。各行业对空调的引进也使产品质量大大提高。1907 年，第一台出口的空调，买家是日本的一家丝绸厂。1915 年开利成立了一家公司，至今它仍是世界最大的空调公司之一。

使用空调的利弊

空调逐渐被用来调节生产过程中的温度与湿度。空调发明后的 20 年间，享受的对象一直是机器，而不是人。1922 年，开利工程公司成功研制出在空调史上具有里程碑地位的产品——离心式空调机。从此，人才成为空调服务的对象。家用空调的研制始于 20 世纪 20 年代中期。1928 年，开利公司推出了第一代家用空调，但因经济大萧条和第二次世界大战，未能得到发展。20 世纪 50 年代后经济腾飞，家用空调才开始真正走入千家万户。今天，空调给我们营造了一个四季如春的世界。在纪念开利发明空调 100 周年的会议上，有人强烈提出了这样一种说法：假如没有空调，世界的工作效率会降低 40 %。

然而，空调的发明是一把双刃剑，它有利也有弊。首先，空调绝对是一个用电大户。既然空调是一个用电大户，过度地使用空调就是过度地使用和消耗能源，就会导致"温室效应"破坏生态环境。而地球的升温又导致更多空调能源消耗，这就形成了一个非良性循环链，这对人类的生存条件是有害的。

其次，空调的制冷化学制剂，无论是含氯氟烃，还是改进的含氢氯氟碳和氢氟碳，都对保护地球的臭氧层有破坏，只不过是破坏程度的大小不同罢了，这又成了破坏生态环境的一大危害。

另外，过度使用空调会减少室内空气的流通，还会造成依赖空调、减少户外活动的结果，甚至得"空调病"，这些都直接影响着人们的身体健康。

如何使空调更环保

空调用户应该养成定期清洗空调的习惯，这样既对家人的健康有益，也有利于延长空调的使用寿命，还能节约家庭开支。空调在使用一年后没有清洗，工作电流就要比干净的空调高出 10 %左右。以功率为 700 W 的空调为例，如果一天平均用 8 小时，使用 6 个月就要多消耗近 200 千瓦·时的电。

另外，专家也经常指出，室内的空气质量直接关系到居住者的身体健康，而空气的质量状况在很大程度上取决于空调的卫生情况，因为容易藏污纳垢的空调如果得不到及时清洗，将会成为细菌滋生的温床。为了家人的身体健康，使用者应该每隔 1~2 个月就清洗一次空调，保证空调时刻吹出健康之风。

抽水马桶

☀ **抽水马桶是指上接水箱、下通下水道的可自动冲水的瓷质马桶。**

抽水马桶的历史

人类处理粪便的装置，甚至包括用水冲厕所都有悠久的历史。正如英国考古学家阿瑟·伊文思爵士描述的那样：一块刻有槽纹的厚板为座椅，以及一个有冲厕迹象的容器，这表明原始的抽水马桶在青铜时代克里特岛的科诺索斯宫殿就已被使用了。罗马在鼎盛时期的著名公共浴室就是用同样闻名于世的高架水渠来供水的。这些设施也被用于需要充足水源的公共盥洗室，那里可容纳 10 ~ 20 人同时方便。粪便经下水道被冲走。罗马的一些非常富裕的家庭拥有私家浴室，但穷人只得上公共浴室。

直到 18 世纪，绝大部分厕所仍十分原始，或是在户外简单建立一个土坑，或是置于卧室或室内其他一隅的便盆。但我们确实能证明，早在 19 世纪初，美国曾使用过抽水马桶式厕所。白宫的文件中有过这样的记载：杰斐逊曾在 1801 年就订购过，但直到 1804 年才安装好。在 18 世纪 90 年代末的费城、纽约和其他地区也可能使用过。美国最早的抽水马桶式厕所，可能也是那个时代唯一的马桶式厕所，是装在 18 世纪 60 年代中期马里兰州州长为自己修建的住宅里的。毫不怀疑，这个厕所显然是包括在房屋的最初设计中的。英国开始使用类似的抽水马桶是在 18 世纪中期。

是谁发明了抽水马桶

抽水马桶是谁发明的，连许多专家也说不清。一种说法是 1596 年英国贵族约翰·哈灵顿发明了第一个实用的马桶——一个有水箱和冲水阀门的木质座位。在此之前，不少人总是去最近的大树下和小河里就地解决。尽管哈灵顿发明了马桶，但由于排污系统不完善而没能得到广泛应用。1861 年，英国一个管道工托马斯·克莱帕发明了一套先进的节水冲洗系统，废物排放才开始进入现代化时期。

在当今世界上，抽水马桶已被公认为"卫生水准的量尺"。应该说，英国人发明抽水马桶是对人类社会的一大贡献，因此有人把它说成世界上"最伟大的发明"。

玻 璃

☀ **玻璃是由熔体过冷所得，并因黏度逐渐增大而具有固体机械性质的无定型物体。**

玻璃的制造与传播

玻璃制造在很早以前就已存在，譬如在埃及的古墓中发现 4 000 年前玻璃制的护身符及装饰品，以及 2 000 年前的日用玻璃器皿，但其形状及体积都受到限制，而且不普遍。

约在 1 世纪，东部地区制造的精细玻璃花瓶及其他玻璃器皿盛行于罗马帝国。窗玻璃也是在这段时间问世的，但是并不是完全透明无色的，因在制造时渗入了杂质而变成淡蓝或淡绿色。

当罗马帝国崩溃后，欧洲的玻璃制造技术也随之退步。威尼斯的玻璃制造是始于 10 世纪，而到 13 世纪时其制品开始大放异彩，他们精湛的技术相传是由于和东方文化接触或是修道院遗留下来的古老技术。这种技术由威尼斯的工人将其发扬光大，并严密保存，防止技术流传到其他国家。1547 年曾颁布法令，凡技术工匠到国外工作而不回来者，其近亲将会下狱，同时本人也会遭到杀害。

虽然如此，玻璃制造技术仍是逐渐流传到意大利其他地区、法国及中欧等地方。同时，这些国家也发展出自己的传统技巧，有杂质的绿色玻璃被广泛使用。

从 15 世纪开始，威尼斯的玻璃制品畅销整个欧洲，如花瓶、杯子、酒杯等。有些有灿烂的颜色，有些晶莹剔透。同时也生产了一些欧洲宫廷使用的昂贵镜子。这项工业为威尼斯带来巨大的财富。

14 世纪以后，德国已能制造出许多漂亮的玻璃器皿，但若比起威尼斯的玻璃制品仍然稍显粗糙和笨拙。

到了 18 世纪，欧洲各地都能制造不少漂亮的玻璃，尤其是雕花玻璃。

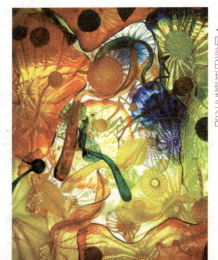

◀ 唯美的玻璃艺术品

眼 镜

☀ 眼镜是戴在眼睛上矫正视力或保护眼睛的透镜，由镜片与镜框构成。

古老的眼镜

在古罗马作家普林尼的作品中，曾经描写过这样的故事：约在 1 世纪前后，古罗马暴君尼禄非常喜欢看体育表演，但每次观看时，都由于视力不好而非常苦恼。有一个工匠得知此事后，用绿宝石做了一只像现在钟表匠修钟表时用的单眼眼镜献给尼禄，尼禄戴上后，感到很满意，再不用担心看不清精彩的体育表演。从某种角度上说，这可以说是最原始的眼镜。

现知最古老的透镜是在伊拉克的古城废墟中发现的。这块透镜由水晶石磨成。我们可依此推知古老的巴比伦人至少在 2 700 年以前便发现了一些透镜的放大功能，但他们并不一定了解透镜。据记载，古罗马皇帝尼禄观察过各种宝石，但他只是透过宝石来观看五彩缤纷的奇异世界，并不为了提高视力。在 13 世纪末，眼镜几乎同时在中国和欧洲出现。马可·波罗在 1260 年写道："中国老人为了清晰地阅读而戴着眼镜。"这证明，至少在这以前，中国人就知道眼镜并能使用。

近代眼镜的发展

据查考，真正的眼镜发明者是一个名叫萨尔沃·德格里·阿马迪的佛罗伦萨人，制造的第一副眼镜是双凸镜片，用来矫正近视。这该是最早的近视镜。15 世纪中叶的记载中有了凹面近视镜。16 世纪，德国开始制造有镜桥联结的眼镜。第一副带镜脚的眼镜是 16 世纪末由埃尔·格雷科制成的。1784 年，美国的本杰明·富兰克林发明了双焦距眼镜，使眼镜的声誉得以提高。到了 19 世纪，远距离视力测验表才由创始人屈勒和斯内伦编制出来。到 1872 年，才使用屈光透镜来表明镜片的度数。至于隐形眼镜，则是 1887 年由德国人制造的。

镜 子

镜子是指有光滑的平面，能照见形象的器具。古代用铜铸厚圆片磨制，现在用平面玻璃镀银或镀铝做成。

镜子的发明

说起制镜技术的发明，还有这样一个小故事：有一天，法国一名工匠在做化学试验时，一不小心，把锡汞溶液洒在玻璃上了。他吓坏了，心想：这下可闯祸了，玻璃弄坏了，我可赔不起呀！他急得不得了，连忙用清水进行冲洗，希望把玻璃上的锡汞溶液冲洗掉。他在冲洗时意外地发现，玻璃已上了一层"银衣"，把人像照得一清二楚。后来，德国化学家利比格就根据这一现象，发明了制镜技术。

1835 年，德国化学家利比格把硝酸银和还原剂混合，使硝酸银析出银，附在玻璃上发明了现代镜子。1929 年，英国的皮尔顿兄弟以连续镀银、镀铜、上漆、干燥等工艺改进了此法。

镜子的发展史

中国奴隶制社会初期正处在青铜器时代，人们在长期的青铜冶铸实践中，认识了合金的成分、性能和用途之间的关系，并能进行人工控制铜、锡、铅的配比。我们的祖先早在 2 000 多年前就制出了精美的"透光镜"，它能反射出铜镜背后的美丽图案，因此引起世人的极大兴趣。

在欧洲古希腊、古罗马时代，也是用一种稍凸出的磨光金属盘作为镜子，其不反光的一面刻有花纹。最早的镜子是带柄的手镜，到 1 世纪出现了可以照全身的大镜子。

中世纪时，手镜在欧洲普遍流行，通常为银质镜或磨光的青铜镜。当时装在精美的象牙盒内或珍贵的金属盒内的小镜子，已成为妇女随身携带的时髦品。背面涂金属的玻璃镜子是 12、13 世纪之交才出现的，到文艺复兴时期，纽伦堡和威尼斯已成为著名的制镜中心。

拉 链

拉链亦称"拉锁",是服装、手提包等物品上的一种简易闭锁装置,由齿带和拉头组成。齿带以纱带或化学纤维带为材料,上嵌由铜铝合金或尼龙等制成的凹凸状齿粒,拉头由金属与尼龙制成。使用齿带伴随拉头的移动而闭锁或开启。

拉链的发明

19世纪前期,时髦的衣服要用很沉重厚实的内衣衬在外衣里,一层一层的。当时包括衬衣、背心和外罩,所有衣服都要用带子、布条或一排排的钮扣拉紧。有时穿或脱一次衣服要用半个小时,就连当时的靴子也用钮扣或鞋带紧紧地绑到膝盖。妇女们为衣服钉钮扣成了一项烦琐费时的工作。寻找纽扣的替代品成了人们的迫切需求。

拉链是1891年由美国芝加哥机械师贾德森最先发明的。贾德森为了解除每天系鞋带的麻烦,就发明了一种可以代替鞋带的拉链,这种拉链是由一排钩子和一排扣眼构成,用一个铁制的滑片由下往上拉,便可使钩子与扣眼一个个依次扣紧。贾德森把样品送到1893年的哥伦比亚博览会上展出,得到好评,并因此取得了专利。

拉链及其应用

1913年,瑞典人桑巴克改进了这种粗糙的锁紧装置,使其变成了一种可靠的商品。他采用的办法是把金属锁齿附在一个灵活的轴上。这种拉链的工作原理是:每一个齿都是一个小型的钩,能与相对的另一条带子上的一个小齿下面的孔眼匹配。这种拉链很牢固,只有滑动器滑动使齿张开时才能拉开。

拉链最先用于军装。第一次世界大战中,美国军队首次订购了大批的拉链给士兵做服装。但拉链在民间的推广则比较晚,直到1930年才被妇女们接受,并用来代替服装的钮扣。拉链是在1926年获得现在的名称的。据说,一位叫弗朗科的小说家,在推广一种拉链样品的一次工商界的午餐会上说:"一拉,它就开了!再一拉,它就关了!"十分简明地说明了拉链的特点,拉链这个词也就这样产生了。

手　表

> 　　手表是系在手腕上的小型计时仪器。19世纪中叶，有人将挂表装上皮带或戴在手腕上，之后，经逐步改进美化，发展成为手表。

人类究竟从何时开始，有了时间的观念

　　人类的远祖最早从天明天暗知道时间的流逝。大约6 000年前，"时钟"第一次登上人类历史的舞台：日晷在巴比伦王国诞生了。古人使用日晷，根据太阳影子的长短和方位变化掌握时间。距今4 000年前，漏刻在中国问世，使人们不分昼夜均可知道时间。而钟表的出现，则是13世纪中叶以后的事。

　　1270年前后在意大利北部和德国南部一带出现的早期机械式时钟，以秤锤为动力，每1小时鸣响附带的钟，自动报时。1336年，第一座公共时钟被安装于米兰一教堂内，在接下来的半个世纪里，时钟传至欧洲各国，法国、德国、意大利的教堂也纷纷建起钟塔。

　　不久，发条技术发明了，时钟的体积大为缩小。1510年，德国的锁匠首次制出了怀表。当年，钟表的制作似乎仅为锁匠的副业，直到后来，对钟表精度的要求越来越高，钟表技艺也日益复杂，才出现了专业的钟表匠。

　　1806年，拿破仑时期，约瑟芬皇后特制的一块手表，是目前已知的关于手表的最早记录。这是一块注重装饰、被制成手镯状的手表。当时，男人世界里风行的是作为身份、地位象征的怀表，手表则被视作女性的饰物。

　　1885年，德国海军向瑞士的钟表商定制大量手表；手表的实用性获得世人的肯定，逐渐普及开来。

　　20世纪初，ROLEX（劳力士）的前身——WILSDORF&DAVIS公司推出了银质绅士表和淑女表，大获成功，带动了各家钟表厂商竞相研制开发手表。

怀表——绅士的象征

当年以怀表技艺闻名世界的瑞士，在手表制作方面一马当先，ROLEX 在 1926 年就开发出完全防水型的手表"ROLEX OYSTER"，1931 年又率先将自动上发条的手表"OYSTER PERPETUAL"推向市场。

LONGINES（浪琴）公司也不甘示弱，其研制的精密航空钟与美国飞行家林德伯格一起飞渡大西洋，名声大振。1929 年，推出带秒表功能的手表"CHRONOGRAPH"，翌年又在此基础上开发出飞行用精密手表"CHRONOMETER"。

20 世纪 60 年代末，机械手表史掀开了新的一页：1969 年，日本精工手表公司开发出世界上第一块石英电子手表，日误差缩小到 0.2 秒以内。1972 年，美国的汉密尔顿公司发明了数字显示手表，马达和齿轮从手表中消失。

手表制造业新技术层出不穷，机械手表却并未寿终正寝，产量虽然大减，制造技艺却得以保存，特别是瑞士的钟表厂家，在石英手表独占鳌头的今日，仍对机械手表情有独钟，坚持生产高档机械手表，并源源不断地输往世界各地。

劳力士——帝王之气"的代名词

地 图

> ☀ 地图是运用数学法则和符号系统经过制图综合，将地表自然地理和社会经济等各类信息表现在一定载体上的图形。

地图的起源

地图的起源很早，几乎与人类文化具有同样悠久的历史。最原始的地图已无从考察，但从伊拉克和埃及发现的一些刻在陶片上的约4000年前的不完整遗物中可以看出，那是保存至今最古老的地图。尽管它们的内容和表示方法较为简单，但形式上已反映出原始地图的产生与人类的生产和生活有着密不可分的联系。

中国历史中记载的《山海图》已有 2 500 年了，据说是铸造在钟鼎上的，是为指引狩猎的人们不致迷路而用的。

地图的发展

14 世纪后，欧洲资本主义的兴起，以及我国的指南针、造纸术、印刷术等技术的西传，推动了地理探险者的脚步。到了 16 世纪地图已能较为正确地反映各大陆轮廓的实际情况。

随着社会经济发展的需要和自然科学各领域的深入发展，探索考察任务已不仅仅是地形测绘，还要对各种自然和社会现象进行考察制图。

人类的活动也不只局限于陆地，逐渐向海洋和空中发展。航空摄影、卫星遥感、电子计算机等新技术的相继开拓，使得地图的图形无论在理论上还是在工艺手段上都发生了巨大变化。

现代技术的不断涌现为地图的发展创造了条件，使绘制地图的节奏加快，品种增多，并制造了天体的地图。

▲中国早期地图

信用卡

☀ **信用卡是商业银行为提供消费者借贷服务而发给顾客赊购商品的信用凭证。**

信用卡的发展

信用卡于 1915 年起源于美国。最早发行信用卡的机构并不是银行，而是一些百货商店、饮食业、娱乐业和汽油公司。

美国的一些商店、饮食店为招揽顾客，推销商品，扩大营业额，有选择地在一定范围内发给顾客一种类似金属徽章的信用筹码。后来演变成为用塑料制成的卡片，作为客户购货消费的凭证，开展凭信用筹码在本商号或公司、汽油站购货的赊销服务业务。顾客可以在这些发行筹码的商店及其分号赊购商品，约期付款。这就是信用卡的雏形。

后来美国商人弗兰克·麦克纳马拉在 1950 年春与他的好友施奈德合作投资 1 万美元，在纽约创立了"大莱俱乐部"（Diners Club），即大莱信用卡公司的前身。

1965 年，发展信用卡略具规模的美国商业银行开始拓展全国性的业务，第二年便将其商标授权给其他银行，并发行一种有蓝、白、金三色带图案的 BankAmericard，这标志着信用卡的正式使用。

现代生活中的信用卡

信用卡发源于美国，随后很快以它特有的优势席卷全球。目前，美国已经有 90％以上一般收入的家庭使用了信用卡，高收入水平的家庭持卡率高达 97％以上。在美国，用信用卡几乎可以买到任何东西。美国信用卡市场的年营业额已高达 13 万亿美元。也许是因为信用卡的特殊性质，人们往往不把它和普通的吃穿用方面的商品相提并论。然而，正是因为信用卡，人们的消费得以更加方便地进行，消费的规模和范围也得以迅速扩大，以至于人们难以离开它。正如一位作家所言："如果现在一个人的信用卡被取消了，那简直相当于在中世纪被逐出教会。"

电 影

> 用电影摄影机以每秒摄取若干格画幅的运转速度，将被摄取的运动过程拍摄在条状胶片上，成为许多格动作逐渐变化的画面，然后经过一定的工艺过程，制成可以放映的影片。

电影的发明

有两个英国人为马奔跑时是否保持至少一个蹄子着地而争执不休，最后用打赌来解决。他们先请驯马师做裁决，但驯马师也难以断定。而驯马师的好友——英国摄影师麦布里奇得知此事后在跑道一边安置了 24 架照相机，排成一行，相机镜头对准跑道。在跑道另一边打了 24 个木桩，每根木桩系一根细绳，绳横穿跑道，分别系于对面相机的快门。让马从跑道上飞奔而过，便依次把 24 根引线绊断，这些相机依次拍下 24 张照片。麦布里奇把这些照片依次再剪接起来，因每相邻的两张照片差别很小，它们组成一条连贯照片带。经分析：马在奔跑时总有一蹄着地，不会四蹄腾空。

19 世纪初开始，电影的发明进入了探索和实验阶段。1825 年，英国人费东和派里斯博士发明了"幻盘"。1832 年，比利时的约瑟夫和奥地利的斯丹普弗尔同时发明了"诡盘"。1834 年，英国人霍尔纳发明了"走马盘"。接着，1839 年摄影技术问世，1840 年又缩短了曝光技术，摄影技术有了突破。到了 1877 年，法国人雷诺制造了"活动视镜"，进而在 1888 年创造了他的"光学影戏机"，类似现代的动画片技术。

利用视觉的似动现象，同步的摄影和放映，使我们从银幕中感受到真实的生活

083

1882 年，法国生理学家马莱发明了"摄影枪"，解决了连续摄影的问题。几乎在同一时间，美国的爱迪生创造了每格凿有四组小孔的 35 毫米影片，并发明了"白炽灯"，同时，他采用了马莱连续摄影的方法制成了"电影视镜"。这是一个可放 50 英尺影片的大柜子，影片首尾连接成片环，用马达驱动后循环放映。里面装有放大镜，人凑在窥视孔上就能看到放大了的影片画面。中国人称为"西洋镜"。

爱迪生的"电影视镜"传入法国后，立刻被路易·卢米埃尔和奥古斯特·卢米埃尔兄弟俩采用，并进行改造，采用了马尔蒂的十字轮结构后，解决了影片间歇运动的问题。终于他们在 1894 年年底研制成了第一台比较完美的电影放映机，并成功地把图像投射到银幕上，解决了多人观看的问题。

路易·卢米埃尔兄弟在 1895 年 12 月 28 日，在巴黎卡普辛路 14 号大街咖啡馆的"印度沙龙"内，用"活动电影机"将自己拍摄的胶片放映至银幕上，观众在黑暗中看到了白布上的逼真画面。这就是世界上第一部真正的电影。后来，国际电影界根据这一史实一致公认将 1895 年 12 月 28 日作为电影的发明日。也就是说，活动影像的摄取和放映在技术上最终成为可能，电影正式诞生了。

电影的放映原理及分类

电影最重要的原理是"视觉暂留"。科学实验证明，人眼在某个视像消失后，仍可使该物像在视网膜上滞留 0.1～0.4 秒。电影胶片以每秒 24 格画面匀速转动，一系列静态画面就会因视觉暂留作用而造成一种连续的视觉印象，产生逼真的动感。

从电影内容来区别它可分为系列片、喜剧片、西部片、音乐片、译制片、间谍片、灾难片、科幻片、战争片、侦探片、新闻纪录片、科学教育片等。从声和色的历史来说分为无声电影、有声电影、黑白电影、彩色电影等。

电影的重大意义

电影是艺术中的一朵奇葩。它是一门综合艺术，具有强大的生命力、惊人的表现力和无法抗拒的感染力。它不仅有着记录的作用，更有深刻的教育意义，是现代非常普遍的一种娱乐方式。

再生纸

通常，我们将纸分成原生纸和再生纸两大类。原生纸的原料是原生木浆，取自天然木材；而再生纸的原料来自废弃的纸张。如果我们都充分利用再生纸，就可以大大减少树木的砍伐，减少环境污染。这对于环境保护是很有利的。

再生纸生产

废纸回收后经过分类拣选，温水浸涨，被重新打成纸浆。纸浆中的杂质分为两类：一类是沙粒和小石子等比重大的杂质，它会在纸张表面形成空洞和粗糙颗粒；另一类是塑料膜、胶质、尘埃颗粒等比重轻的杂质，造纸要经过高温烘烤，这类杂质一遇到高温就会融化，粘在卷纸轮上，使作业中断。生产时对它们要分别进行筛选净化，然后经过纸浆除渣器，最后经过多级多段往复除渣，废纸浆终于淘尽尘沙，重现洁白。这项技术把制造高档纸张的二次纤维配比从 20 % 提高到了 80 %。回收一吨城市废纸可以制造高档再生纸 750～800 千克。

利用再生纸的意义

再生纸是利用废纸作为原料生产出来的纸张，其原料中的废纸纸浆比例为 60 %～100 %，纸张上一般印有由三个弯曲的小箭头围成的"循环再生标记"。每回收利用 1 吨废纸，可节省木材 3 立方米、水 100 吨、化工原料 300 千克、煤 12 吨、电 600 千瓦·时。每生产 1 吨再生纸，就相当于保护了 26 棵大树。据估算，回收 1 吨办公类废纸，可生产 0.8 吨再生纸，相应节约木材 4 立方米。如果把今天世界上所用办公纸张的一半加以回收利用，就能满足新纸需求量的 75 %，相当于 800 万公顷森林可免遭砍伐。为此，废纸被科学家称为除原始森林、天然次生林和人工林外的"第四种森林"。

再生纸的缺点

再生纸对环境保护有益，但生产再生纸将增加企业的成本，因为和木材纸浆、草类纤维纸浆造纸不同，再生纸的生产对设备和工艺有诸如脱墨等特别要求。高成本使再生纸的市场价格相对偏高，加之再生纸的亮度偏低、颜色灰暗，因此许多企业不愿意使用，再生纸生产很难推广。

显微镜

☀ 显微镜是观察微小物体所用的仪器。显微镜分光学显微镜和电子显微镜，其中光学显微镜主要由一个金属筒和两组透镜构成，通常可以放大几百倍到几千倍。

人类对微观世界的研究

人类认识微观世界的历史是从放大镜开始的。19 世纪中叶，光学显微镜的发明，促成了细胞的发现及细胞理论的建立，这是人类认识微观世界的一大突破。然而，准确的理论计算表明，无论光学显微镜的质量如何改善，其放大率只能达到 1 000 ~ 1 500 倍，分辨本领最多只能达到 2 000 A。因此，有必要发明一种更有效的工具，以满足人们观察微观世界的要求。

1932 年，柏林工科大学高压实验室中的年轻研究员卢斯卡和克诺尔对阴极射线示波器作了一些改进，成功地得到了铜网的放大像。尽管得到的电子像放大率仅为 12 倍，但它真实有力地证明使用电子束和电子透镜（磁场透镜）可以制成与光学像相同的电视像。从此，电子显微法便被正式确立了。后来人们借助于先进的电子显微镜，对微观世界的认识已深入病毒和原子。

显微镜的发展

世界上第一台显微镜是荷兰人詹森于 1604 年创制的。简森的显微镜仅仅是由两个凸透镜组成，放大的倍数只有 10 ~ 30 倍。虽然这种显微镜的生物学价值不太大，但这一成就却标志着对光学放大装置的研究已发展到了一个新水平。

1665 年，英国物理学家罗伯特·胡克用放大 40 ~ 140 倍的复式显微镜观察了木栓组织的细胞壁，发现软木薄片上有许多蜂窝状小室，并绘制了木栓的显微图像，撰写出版了《显微镜图志》一书。

1677 年，荷兰科学家列文虎克利用自制的显微镜观察了人和哺乳动物的精子，后来又陆续发现了红细胞和细菌等。

1695 年，荷兰人惠更斯又创造了惠更斯目镜，使显微镜在许多国家风行一时。

青霉素

> 青霉素是弗莱明 1928 年发明的一种抗生素，从青霉菌培养液中提制而成，是第一种能够治疗人类疾病的抗生素，又名盘尼西林、苄青霉素。

青霉素的发明者

青霉素的发现者是英国细菌学家弗莱明。1928 年的一天，弗莱明在他的一间简陋的实验室里研究导致人体发热的葡萄球菌。由于盖子没有盖好，他发觉培养细菌用的琼脂上附了一层青霉菌。这是从楼上的一位研究青霉菌的学者的窗口飘落进来的。使弗莱明感到惊讶的是，在青霉菌的近旁，葡萄球菌忽然不见了。这个偶然的发现深深吸引了他。他设法培养这种霉菌，经过多次试验，最终证实青霉素可以在几小时内将葡萄球菌全部杀死。弗莱明据此发明了葡萄球菌的克星——青霉素。

087

青霉素的发展及应用

弗莱明将青霉菌菌株一代代地培养，在 1939 年将菌种提供给准备系统研究青霉素的英国病理学家弗洛里和生物化学家钱恩。通过一段时间的紧张实验，弗洛里和钱恩终于用冷冻干燥法提取了青霉素晶体。之后，弗洛里在一种甜瓜上发现了可供大量提取青霉素的霉菌，并用玉米粉调制出了相应的培养液。1941 年开始的临床实验证实了青霉素对链球菌、白喉杆菌等多种细菌感染有疗效。美国制药企业于 1942 年开始对青霉素进行大批量生产。这些青霉素在世界反法西斯战争中挽救了大量盟军的伤病员。1945 年，弗莱明、弗洛里和钱恩因"发现青霉素及其临床效用"而共同荣获了诺贝尔生理学或医学奖。

青霉素的出现开创了用抗生素治疗疾病的新纪元。它的发现是人类抗生素发展史上的一个里程碑。直到今天，它仍然是流行最广、应用最多的抗生素。

抗生素

抗生素又称抗菌素，是由一些微生物合成的、能抑制或杀灭某些病原体的化学物质。抗生素是微生物的一种次生代谢产物，少量低浓度使用时能对另一种微生物的生长和代谢起抑制或杀灭作用。

抗生素的种类繁多

弗莱明1928年发明的青霉素是第一种能够治疗人类疾病的抗生素。自1940年以来，青霉素应用于临床。现抗生素的种类已达几千种，在临床上常用的也有几百种。其主要是从微生物的培养液中提取或者用合成、半合成方法制造。其分类有以下几种：β-内酰胺类（包括青霉素类和头孢菌素类）、氨基糖苷类、四环素类、氯霉素类、大环内脂类。大环内脂类中有作用于G+细菌的其他抗生素、作用于G菌的其他抗生素、抗真菌抗生素、抗肿瘤抗生素、具有免疫抑制作用的抗生素，如环孢霉素。

抗生素的应用

由于抗生素可使95％以上由细菌感染而引起的疾病得到控制，因此被广泛应用于家禽、家畜、作物等病害的防治，现已成为治疗传染性疾病的主要药物。抗生素还应用于食品保存，如四环素应用于肉类等的保存，制霉菌素应用于柑橘等的保存。利用四环素能与肿瘤组织结合的特性，可将这种抗生素作为载体以提高抗肿瘤药物的药效。

无休止的细菌战

人体服用抗生素后会存在很多不良反应，甚至丧失生命，每年因抗生素反应过敏的患者不是一个小数目。当抗生素得到广泛使用时，因药物与细菌多次反复接触后，细菌对该药的敏感性降低甚至消失，就产生了耐药性，必须加大用药量或重新选择其他暂不耐药的抗生素才行。但长期使用后，细菌也会对新用的抗生素产生耐药性，从而造成交叉耐药，导致抗生素的用药量越来越大，而效果越来越差。因此，人们应清醒地认识到，自发明抗生素那一天开始，人类就陷入了与细菌无休止斗争的怪圈，抗生素诞生—菌种由被杀灭到产生耐药性—更强的抗生素使用，如此循环。

毒　品

☀ 　根据《刑法》第357条的规定，毒品是指"鸦片、海洛因、甲基苯丙胺（冰毒）、吗啡、大麻、可卡因，以及国家规定管制的其他能够使人形成瘾癖的麻醉药品和精神药品"。

毒品的古老历史

　　人们知道，早在新石器时代，就在地中海东部山区发现了野生罂粟。青铜时代后期（约公元前1500年）传入埃及。公元初传入印度。6—7世纪传入中国。很早开始，人们就把罂粟视为一种治疗疾病的药品，因而便有意识地进行少量的种植与生产。

　　随着人类社会的发展和进步，出现了鸦片。作为一种商品，它既有使用价值也具有经济价值；作为一种药品，它既有医疗使用的价值，同时也具有一定的麻醉、积蓄毒素乃至造成依赖最后病入膏肓的作用。

　　英国自1852年第二次侵缅战争后，就诱迫缅甸人民大规模种植罂粟，很快就波及老挝。在现今南塔、博胶这两个省的山地民族也引种罂粟，将它的提取物（鸦片）作为包医百病的灵丹妙药。1893年，法国入侵并占领老挝后，大规模的种植与贸易开始兴起。此后鸦片被公认为"世界性瘟疫"。

毒品的发明

　　毒品的发明最初是为了解除病人的病痛，但由于它能在短期内给人带来极度快感，越来越多的人开始使用成瘾。如今，几乎在世界的任何一个角落都能找到它们的影子。吸毒的严重后果不仅仅在于损耗机体健康，还由此滋生了大量的犯罪毒瘤。

最恐怖的毒魔

　　毒品的危害，可以概括为"毁灭自己、祸及家庭、危害社会"12个字。

　　在医学上来说毒品严重危害人的身心健康。

▶ 罂粟——越是美丽的东西越危险

破坏循环系统：引起感染性心内膜炎、各种类型的心律失常。

影响呼吸系统：引起各种呼吸系统感染，表现为咳嗽、咯痰、呼吸困难、哮喘等，临床上还发现在海洛因成瘾者中肺结核的发病率较高，且治疗困难。

影响消化系统：吸毒常引起胃肠蠕动减慢，便秘较为常见。

影响神经系统：吸食毒品会引起一系列的神经系统病变，吸毒者多有人格障碍，性情暴躁、蛮横、撒谎、诡辩、没有责任感，沉缅于白日做梦。

吸毒者更恐怖的是传染病，吸毒可引起乙肝、丙肝，尤其是艾滋病的蔓延，由于共享不洁净的注射器而引起的艾滋病感染是当前我国感染艾滋病的首要途径。吸毒影响妊娠、分娩，吸毒的妇女大多月经不正常，常见闭经、痛经及排卵停止；吸毒孕妇娩出婴儿的死亡率明显增高，且有许多并发症，有些婴儿出生时即会发生戒断综合征。

除上述后果外，吸毒直接影响生育，沾染性病、艾滋病，殃及子孙后代的后果也是极其严重的。静脉注射的方式是直接传播艾滋病、性病的重要途径。美国纽约市市长戴维·丁金斯在1990年2月10日禁毒特别联合国大会上透露，对该市部分医院抽样调查，11%～20%的新生婴儿在接受毒品测验时呈阳性反应。

在我国，据卫生防疫部门对吸毒人员进行性病、艾滋病病毒的监测表明，有的吸毒人员已经染上性病、艾滋病，而且人数在增多。有的年轻妇女由于吸毒，致使其刚刚出生的婴儿已是毒品成瘾者了。毒品断子绝孙，何其毒也！人类如果长此下去，将危及种族的延续。

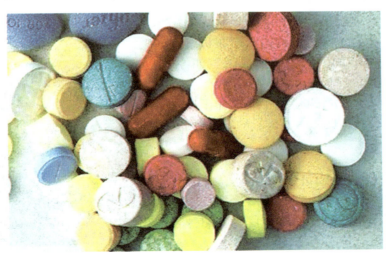

▲ 颜色各异的摇头丸

克隆科技

☀ 克隆是英文 clone 的音译，简单讲就是一种人工诱导的无性繁殖方式。但克隆与无性繁殖是不同的。无性繁殖是指不经过雌雄两性生殖细胞的结合，只由一个生物体产生后代的生殖方式，常见的有孢子生殖、出芽生殖和分裂生殖。由植物的根、茎、叶等经过压条或嫁接等方式产生新个体也叫无性繁殖。绵羊、猴子和牛等动物没有人工操作是不能进行无性繁殖的。科学家把人工操作动物遗传繁殖的过程叫克隆，把这门生物技术叫克隆技术。

克隆过程

克隆的基本过程是先将含有遗传物质的供体细胞的细胞核移植到去除了细胞核的卵细胞中，利用微电流刺激等手段使两者融合为一体，然后促使这一新细胞分裂繁殖发育成胚胎，当胚胎发育到一定程度后，再被植入动物子宫中，使动物怀孕，便可产下与提供细胞者基因相同的动物。这一过程中如果对供体细胞进行基因改造，那么无性繁殖的动物后代基因就会发生相同的变化。

▶ 世界上首只克隆羊——多利

具有划时代意义的克隆技术

1997 年 2 月 22 日，英国罗斯林研究所的科学家维尔穆特等人宣布用体细胞克隆绵羊获得成功，在世界上引起巨大震动。一时间，克隆绵羊"多利"成为动物界最耀眼的"明星"，其"咩咩"的叫声迅速响遍全球。

克隆技术在现代生物学中被称为"生物放大技术"，它已经历了三个发展时期：第一个时期是微生物克隆，即用一个细菌很快复制出成千上万个和它一模一样的细菌，而变成一个细菌群；第二个时期是生物技术克隆，比如用遗传基因 DNA 克隆；第三个时期是动物克隆，即由一个细胞克隆成一个动物。

克隆绵羊"多利"是由一头母羊的体细胞通过克隆技术而来的。而按照哺乳动物界的规律，动物的繁衍是要由两性生殖细胞来完成，而"多利"却打破了这一规律。

克隆绵羊的诞生，意味着人类可以利用哺乳动物的一个细胞大量生产出完全相同的生命体，完全打破了亘古不变的自然规律。这是生物工程技术发展史中的一个里程碑，也是人类历史上的一项重大科学突破。

克隆技术的发展历程

1952 年克隆蝌蚪：小小的蝌蚪改写了生物技术发展史，成为世界上第一种被克隆的动物。美国科学家罗伯特·布里格斯和托马斯·金用一只蝌蚪的细胞创造了与原版完全一样的复制品。

1972 年基因复制：克隆技术精细到以单个基因复制为单位。科学家将某种特定基因单离出来，将它与某种有机体（最初是一种酵母）结合，有机体将新基因融入自己的 DNA 结构后再繁殖，产生出理想基因的复制品。

1978 年，一名英国医生用丈夫的精子在一个试管内使卵子受精，然后将胚胎植入健康母亲的子宫内。第一例试管婴儿的出生，使整个世界吵嚷着要目睹人类第一个体外受精婴儿刘易斯的"庐山真面目"。

1996 年，世界第一例从成年动物细胞克隆出的哺乳动物绵羊"多利"诞生。这个秘密直到 1997 年 2 月才向世人公布。克隆羊"多利"是苏格兰胚胎学家伊恩·威尔穆特和同事用一个从成年母羊乳房内取出的细胞克隆出的。

双胞胎克隆牛降生

1997 年 7 月，苏格兰科学家使用在实验室内培养产生并植入了一个人类基因的绵羊体细胞，克隆了绵羊"波莉"。

1998 年克隆批量化：美国夏威夷大学的科学家用成年细胞克隆出 50 多只老鼠，并接着培育出 3 代遗传特征完全一致的实验鼠。与此同时，其他几个私立研究机构也用不同的方法成功克隆出小牛。其中最引人注目的是，日本人用一个成年母牛的细胞培育出 8 只遗传特征完全一样的小牛，成功率高达 80%。

2000 年人类近亲被克隆：美国俄勒冈的研究者用与克隆羊"多利"截然不同的方法克隆出猴子，科学家将一个包含 8 个细胞的早期胚胎分裂为 4 份，再将它们分别培育出新胚胎，唯一成活的只有 Tetra。与"多利"不同的是，Tetra 既有母亲也有父亲，但它只是人工 4 胞胎中的一个。此外，帮助培育出"多利"的生物技术公司宣布克隆出 5 只小猪仔。该公司宣称，克隆猪终将成为人类移植器官的"加工厂"。

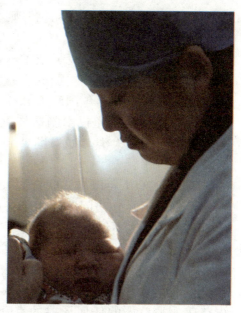

▲试管婴儿的诞生让人又喜又忧

2001 年克隆人被提上日程：2001 年，美、意两国科学家联手展开克隆人的工作。2001 年 11 月美国科学家宣布首次克隆成功了处于早期阶段的人类胚胎，称其目标是为病人"定制"出不会诱发排异反应的人体移植细胞。

2004 年，"克隆人类胚胎"在英国合法化。2004 年 8 月 11 日，英国颁发全球首张"克隆人类胚胎"执照，合法执照有效期为一年，胚胎 14 天后必须毁坏，培育克隆婴儿仍属非法行为。克隆胚胎目的在于增加人类对自身胚胎发育的理解，增加人类对高危疾病的认识，推动人类对高危疾病的治疗方法。

让人担忧的克隆技术

随着动物克隆技术的重大突破，也带来了广泛的争议。克隆技术对人类来说，是一把"双刃剑"：一方面，它能给人类带来许多益处，诸如保持优良品种、挽救濒危动物，利用克隆动物相同的基因背景进行生物医学研究等；另一方面，它又对生物多样性提出挑战。生物多样性是自然进化的结果，也是进化的动力，有性繁殖是形成生物多样性的重要基础，而"克隆动物"则会导致生物品种减少，个体生存能力下降。

更让人担忧的是，克隆技术一旦被滥用于克隆人类自身，将不可避免地失去控制，带来空前的生态混乱，并引发一系列严重的伦理道德冲突。对此，世界各国政府和科学界已是高度关注，并采取立法等措施明令禁止用克隆技术制造"克隆人"，以保证克隆只用于造福人类，而绝非复制人类。如果世界上一切生物都可以复制的话，后果将不堪设想。

所以自 2001 年以来，联合国大会法律委员会一直在讨论禁止生殖性克隆人的国际立法问题。由于各国在是否将治疗性克隆列入禁止之列的问题上争执不休，该委员会于 2004 年底决定放弃制定禁止克隆人国际公约，转而寻求通过一项不具法律约束力的政治宣言。2005 年 2 月 18 日，第五十九届联合国大会法律委员会以 71 票赞成、35 票反对、43 票弃权的表决结果，以决议形式通过了一项政治宣言，要求各国禁止有违人类尊严的任何形式的克隆人。当时，中国同比利时、英国、瑞典、日本和新加坡等国投了反对票。

基因工程

● 基因工程是指人工进行基因切割、重组、转移和表达的技术，是生物工程的一个重要分支，它和细胞工程、酶工程、蛋白质工程和微生物工程共同组成了生物工程。

基因工程的诞生

基因工程诞生于 20 世纪 70 年代。自 1977 年成功地用大肠杆菌生产生长激素释放抑制因子以来，人胰岛素、人生长激素、胸腺素、干扰素、尿激酶、肝火病毒疫菌、口蹄疫疫菌、腹泻疫菌和肿瘤坏死因子等数十种基因工程产品相继问世；1982 年开始进入商品市场，在医疗保健和家畜疾病防治中得到了广泛应用，并已取得巨大的效果和收益。

意义重大的基因工程

基因工程可以绕过远缘有性杂交的困难，使基因在微生物、植物、动物之间交流，迅速并定向地获得人类需要的新生物类型。概括地讲，其意义体现在以下三个方面：大规模生产生物分子；设计构建新物种；收集、分离、鉴定生物信息资源。改良植物的品种，通过器官或骨髓移植去医治心脏病、肾病或血癌病人。通过收集初生婴儿脐带之血去医治帕金森症、血癌病人。通过抽取 DNA 样本，确定在母腹中的婴儿是否有某些遗传性疾病，如地中海贫血症、色盲、唐氏综合征等。基因工程给传统生物技术带来了彻底的革新。

基因工程的特点是基因体外重组，即在离体条件下对 DNA 分子进行切割并将其与载体 DNA 分子连接，得到重组 DNA。1977 年，美国科学家首次用重组的人生长激素释放抑制因子基因生产人生长激素释放抑制因子获得成功。此后，运用基因重组技术生产医药上重要的药物并在农牧业育种等领域中取得了很多成果，预计在 21 世纪，在生产治疗心血管病、镇痛和清除血栓等药物方面，基因重组技术将发挥更大的作用。

通信与军事

Part 3

　　在古老的传说中就有了千里眼和顺风耳，或许这就是人们对通信的渴望。在今天，地球不再是茫茫无边，地球上人类的距离已大大缩小。我们可以与大洋彼岸的亲朋好友畅所欲言，同时也可以在瞬间知晓世界各地的新闻事件。

　　战争给人们带来痛苦是无可争议的事实，爱好和平是每个人的心愿。如今，军事建设是一项安邦定国的大计，军事力量的发展代表着一个国家的综合国力。拥有浩浩五千年历史的中华大国，是世界和平的保卫者，我们的军事建设在世界上有着举足轻重的地位。

电 报

电报是利用电信号来传输文字、图表、照片等信息的通信方式。由于通信事业的不断进步和发展，现在人们对电报的使用已经愈来愈少了，但是电报有可靠性高的特点，仍然为一些用户所青睐，再加上新业务的不断开发，又增加了礼仪电报等新选择，使电报依然长盛不衰。

我国 20 世纪 60 年代以前的电报发展

中国电报的兴起，与西方国家的入侵有着密切关系。为了在亚洲第一大国扩展势力，他们相继在我国开办电信业务。电报即属于其中一个方面。

早在 1871 年，丹麦大北电报公司擅自把敷设在长崎（日本）至上海间的海底电缆接至吴淞口外的大戢山岛，并与上海英租界的电报局相连，收发国际电报。从此，英美等国电信公司的海线进入中国。1873 年，大北电报公司竟然在吴淞水线房私架陆线通往上海。从此，上海美商旗昌洋行也开始私架陆上专用电报线。

上述种种侵略行为引起了清政府的高度重视，认识到外商在我国开设电报业务这一问题的严重性，立即着手自行建设电报。

1877 年，在直隶总督李鸿章的努力下，津沪间试设同城电报，并相继建成上海行辕至制造局电报线和天津督辕至机器局电报线，这是我国自办电报业务的开端。

1879 年 5 月，国内首条军用电报线在天津至大沽及北塘宣告建成。

1880 年 9 月，李鸿章批准投资建设天津至上海间电报线。这条明线系沿着运河架设，全长约 1 536 千米，次年竣工营业。全线在紫竹林、大沽口、上海、苏州、济宁、清江浦、镇江 7 处设立了电报分局，并在济宁设置了电报总局和电报学堂，这是国内最早的电报通信

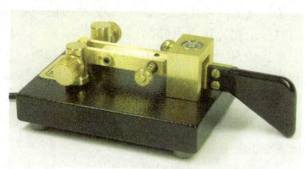

▲较早的电报机

◀▲ 莫尔斯及其发明的电报机

网的长途线路。

1882 年，电报总局由官办改为官督商办，设商官办，共接管线路 6 万多千米，局所约达 560 处。

1884 年，清政府设内城电报局专事收发官电，外城电报局收发商民电报，并把自行创建的第一条电报干线（津沪路线）延伸经京郊通州引入京城（北京）。从此，北京才开始通电报，当时用的也是进口莫尔斯人工电报机。

1885 年，沪、浙、闽、粤电报线建成，为京、津、沪转接电报服务。

到了 1899 年，国内先后建成数条电报线路，基本构成了我国干线通信网。

进入 20 世纪初，国内繁忙的线路开始广泛使用进口的莫尔斯自动电报机（又叫快机），以提高其通信速度和质量。民国时期，时局较为混乱，电报这一通信手段发展得颇慢。20 世纪 20 年代末，电传打字电报机传入中国。1927—1937 年的这 10 年，国家着重整修改建电报旧线、新架线路约 5 000 千米，共有电报局所达 1 500 处。抗日战争期间，内地电报局也遭到不同程度的破坏，直到抗战胜利之后，各大城市才开始恢复并开办特快电报、交际电报、夜信电报等业务。1949 年以前，国内仅有两条线路：一条是国内沪宁干线，电路使用的电传机多为 14 型、15 型电传机和 CF—ZB 型、X—618ZZ 型载波电报机等；另一条是上海至美国旧金山相片传真电路的国际线。

1949 年后，电报通信得到一定的发展，国家投入使用了一批苏联和德国生产的电传机。为了加强国际间的联系，1950 年 2 月 7 日，我国与苏联签订了《建立电报电话联络协定》，于 1959 年 1 月 2 日开通北京至莫斯科国际用户电报电路。

我国 20 世纪 60 年代后的电报发展

20 世纪 70 年代，国内开通北京—华盛顿无线电报和传真等业务。

▼较早的结婚电报

使用 60 路报纸传真机开办北京—成都传送《人民日报》等 3 种报纸传真业务。1975 年，有关部门研制出单路真迹传真机，京广微波干线上的石家庄、郑州、武汉、长沙、广州 5 个城市建成开通真迹传真电报网。1979 年 2 月 7 日，邮电系统开放大陆对台湾地区的电报业务，拉近了与海峡两岸之间的联系。

20 世纪 80 年代初，邮电部决定恢复使用人工电报电码符号，国际通报用语和公电密语。1982 年，国内有些城市开办国际真迹传真业务，主要对象有日本、新加坡、中国香港等国家及地区。1984 年 6 月，西藏自治区开始试办藏文电报业务。1984 年 12 月，全国第一个省内公众快速传真通信网在江苏省建成。后发展为 18 个省会城市开办省际真迹传真业务。1988 年 1 月 6 日，邮电部决定自 2 月 1 日起，在国内 33 个城市推出"礼仪电报"新业务，适应了当时人们的需要。

到了 20 世纪 90 年代，中国电信业得到迅速发展，电报业务也有了新的开拓，开办了请柬电报业务。

伴随着有线电话和移动电话及无线传呼等业务用户的不断激增，电信业呈现出多元化的发展局面。因此，电报这一传统业务也受到一定的影响。如今，代之而起的传真机大量地走进寻常百姓家，人们在家里就能及时完成接发图文并茂的各种信息。

电　话

> 电话是利用电信号的传输来互通语言的通信方式。发话方由送话器把声音转换成声频电信号，电信号送达对方后，经受话器转换成声音完成通话。

电话的发明与发展

电话的发明应该说并不是哪一个人的功劳，而是大批学者共同努力的结果。早在 1876 年以前，就有不少科学家从理论上对这种通信方式作了说明。但是，历史上通常认为，第一部电话机于 1876 年在美国投入使用，电话机的发明权应属于美国的亚历山大·贝尔。然而，这项伟大的发明却是在一次偶然"事故"的启发下诞生的。

1871 年，贝尔从加拿大来到美国，任波士顿大学音响生理学教授。贝尔的父亲是著名的语言学家，是聋哑人手语的发明者。贝尔的妻子就曾是他的学生——一位耳聋的姑娘。贝尔在致力于研究声学和教授哑语之余，还潜心研制一种多路传输的电报系统。1875 年的一天，贝尔和他的助手华生分别在两个房间配合做一项实验，由于机件发生故障，华生看管的发报机上的一块铁片在电磁铁前不停地振动。这一振动产生的波动电流沿着导线传播，使邻室的一块铁片产生了同样的振动，振动发出的微弱声音被贝尔听到了，引起这位善于发现与思考的年轻人的极大注意，由此启发他产生了新奇的联想和构思。1875 年 6 月，贝尔和华生利用电磁感应原理，试制出世界上第一部传递声音的机器——磁电电话机，并于 1876 年 2 月 14 日向美国专利局递交了专利申请书，同年 3 月 7 日，贝尔成为电话发明的专利人。

▲ 1876 年的贝尔

这种电话机的原理是：对着话筒说话，使话筒底部的金属膜片随声音而振动，膜片的振动带动一根磁性簧片随之振动，在电磁线圈中产生感应电流，电流经导线传至受话一方，使受话器上的膜片相应地振动，将话音还原出来。

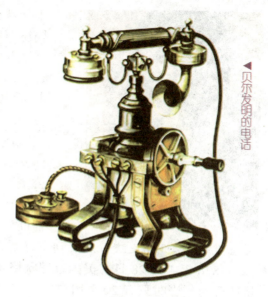

▲贝尔发明的电话

然而，这台机器真正开始工作的那一天是 1876 年 3 月 10 日。当时，贝尔正在做实验，不小心把硫酸溅到脚上，他痛得不禁对着话筒向在另一房间里的华生大叫："华生，快来帮帮我！"不料，这一求助声竟成为世界上第一句由电话机传送的话音，华生从听筒里清晰地听到了贝尔的声音。

此后，发明大王爱迪生也投身于电话机的改良工作中。1878 年，他研制出炭精送话器，并获得了专利。他的这项发明使电话的性能大大提高。直至今日，我们的大部分电话机使用的仍是炭精送话器。最初的电话机身要自备电池和手摇发电机，才能发出呼叫信号，它只能用作固定通话。1880—1890 年间出现了一种"共电式电话机"，可以共同使用电话局的电源。这项改进使电话结构大大简化了，而且使用方便，拿起电话便可呼叫。自动电话机是在共式电话机的基础上增加了一只小小的拨号盘，从此，人们就可以通过交换台任选通话对象了。

随着电子技术的飞速发展，现代的电话机不仅数量激增，品种和功能更是日臻完善。除传统的人工电话、自动电话外，还出现了许多特种电话。如能充当"值班秘书"的录音电话和书写电话，闻声见影的电视电话，信手拈来的无绳电话，随身携带的移动式电话。此外，还有"数字电话""口呼行动电话"，甚至能使聋哑人通话的"聋人电话"也已试制成功。

电话历史大记事

1875 年 6 月 2 日，美国人亚历山大·贝尔发明了电话。至今美国波

103

士顿法院路 109 号的门口，仍钉着一块镌有"1875 年 6 月 2 日电话诞生在这里"的铜牌。

1876 年 3 月 7 日，贝尔获得发明电话专利，专利证号码为 NO：174465。

1877 年 4 月 4 日，第一部私人电话安装在查理斯·威廉姆斯的波士顿办公室与马萨诸塞州的家里。

1877 年 5 月 17 日，波士顿防盗器商店的爱德文·豪迈士，首次使用电话总机系统，5 路支线分别接到安有本店防盗警铃的 5 个办公室。

1878 年 1 月 28 日，美国康涅狄格州的纽好恩，第一个市内电话交换所开通，当时只有 20 个用户。

1878 年 9 月 1 日，埃玛·娜特成为世界上第一位女性接线员。1878—1879 年，贝尔架设了波士顿至纽约的 300 千米长途电话线路，但音量较低。

1879 年，爱迪生利用电磁效应，制成炭精送话器，使送话效果显著提高。爱迪生炭精话筒的原理及其器件一直沿用至今。

1879 年底，电话号码出现。这是由一位内科医师受马萨诸塞州流行麻疹的启发而提出的，因为一旦接线员病倒，全城电话将全部瘫痪。

1881 年，英籍电气技师皮晓浦在上海十六铺沿街架起一对露天电话，付 36 文制钱可通话一次。这是中国的第一部电话。

1881 年，意大利罗马、法国巴黎、德国柏林先后开通了各自的第一个电话网络。

1882 年，电话线采用双绞线。这是英国教授休斯 1879 年发表架空线干扰的论文引起的结果。

1882 年 2 月，丹麦大北电报公司在上海外滩扬子路 7 号办起我国第一个电话局，但只有 25 家用户。同年夏，皮晓浦以"上海电话互助协会"名义开办了第二个电话局，有用户 30 余家。年底，英商"东洋德律风"公司兼并上述两个电话局，用户仅有 300 多家。后又由工部局"华洋德律风"接办。

1884 年 5 月 1 日，世界上第一幢摩天大楼房产保险公司的 10 层楼在芝加哥建成。正是电话使摩天大楼在大城市里相继涌现。如果没有

▼如今高科技的可视电话

电话，大楼里的信息都要靠人工来传递，那么供通信员使用的电梯是远远不够的。

1889 年 5 月 1 日，威廉·葛雷德在康涅狄格州哈特福德市发明了投币电话。不久，街头出现了电话亭。

1899 年（光绪二十五年），安徽省安庆州候补知州彭名保，自行设计、制造了五六十种大小零件，造出一部"争气电话"，让国人扬眉吐气，震惊中外。

手 机

手机就是手提式电话机的简称，或称移动电话，香港地区也称行动电话，是一种便携式无线电话。

手机的问世

手机的发明者马丁·库帕是当时美国著名的摩托罗拉公司的工程技术人员。1973 年 4 月的一天，他站在纽约街头，掏出一个约有两块砖头大的无线电话，这是世界上第一个移动电话，打给他在贝尔实验室工作的一位对手。对方当时也在研制移动电话，但尚未成功。库帕后来回忆道："我打电话对他说：'乔，我现在正在用一部便携式蜂窝电话跟你通话。'我听到听筒那头的'咬牙切齿'——虽然他已经保持了相当的礼貌。"这个当年科技人员之间的竞争产物现在已经遍及各地，给我们的现代生活带来了极大的便利。

手机摆脱了电话线的限制，很受人们欢迎。可在当时手机的生产却遭到了限制，直到 10 年后这种通信设备才开始进行商业化的大规模生产，很快便风靡全球。库帕也因此被称为"手机之父"。

手机的发明者马丁·库帕

不同的手机样式

手机的类型顾名思义就是指手机的外在形式，现在比较常用的手机可分为折叠式（单屏、双屏）、直立式、滑盖式、旋转式等。

手机的发展

手机现在已成为人们必不可少的通信工具。到 2004 年 2 月，中国手机用户已达到 3 亿，全球手机用户更达到 13 亿。

回忆 180 多年前，美国画家莫尔斯在一次旅欧学习途中，萌发了将电磁学理用于电报传输的想法，并发明了"莫尔斯电码"，发出了第一份电报。

1831 年，英国的法拉第发现了电磁感应现象，而麦克斯韦进一步用数学公式对法拉第等人的研究成果进行了重新阐述。60 多年以后，赫兹在实验中证实了电磁波的存在。电磁波的发现，成为"有线电通信"向"无线电通信"发展的转折点，也成为整个移动通信的发源点。

▼不同的手机样式

1973 年 4 月，手机的发明者库伯掏出一个约有两块砖头大的无线电话与别人开始通话。这是当时世界上第一部移动电话。

1975 年，美国联邦通信委员会（FCC）确定了陆地移动电话通信和大容量蜂窝移动电话的频谱，为移动电话投入商用做好了准备。

1979 年，日本开放了世界上第一个蜂窝移动电话网。1982 年欧洲成立了 GSM（移动通信特别组）。

1985 年，第一台现代意义上的可以商用的移动电话诞生。它是将电源和天线放置在一个盒子里，重量达 3 千克。

1987 年，手机再次发生变化，与"肩背电话"相比，它显得轻巧得多，而且容易携带。尽管如此，其重量仍有 750 克左右，与今天重 60 克左右的手机相比，像一块大砖头。

从那以后，手机的发展越来越迅速。1991 年，手机的重量为 250 克左右；1996 年秋，出现了体积为 100 立方厘米、重量为 100 克的手机。此后又进一步向小型化、轻型化发展。

此后，手机的"瘦身"越来越迅速，到 1999 年就达到了 60 克以下。

现代手机质量和体积越来越小，除了最基本的通话功能，新型的手机还可以用来收发邮件和短信息，可以上网、玩游戏、拍照，甚至可以看电影！这是最初的手机发明者意想不到的。

在通信技术方面，现代手机也有着明显的进步。当库帕拨打世界第一通移动电话时，他可以使用任意的电磁频段。事实上，第一代模拟手机就是靠频率的不同来区别用户的手机。第二代手机——GSM系统则是靠极其微小的时差来区分用户。到了今天，频率资源已明显不足，手机用户也呈几何级数迅速增长。于是，更新的、靠编码的不同来区别不同手机的CDMA技术应运而生。应用这种技术的手机不但通话质量和保密性更好，还能减少辐射，可称得上是"绿色手机"。

手机发展的历史不仅代表着科技的进步，同时也是人类文明发展的见证，从模拟到GSM、从GSM到GPRS、从单频到双频、从英文菜单到中文输入、从语音到短信……手机发展的速度不断加快。中文输入的出现在手机历史上，特别是中国的手机史上起着分界点的作用。手机每一项新功能的出现，都代表着科技的不断进步。

手机造成的危害

移动电话的问世，给人们的工作和生活带来极大的方便，但同时也给人们蒙上一层电磁辐射的阴影。对于手机电磁波的危害，至今仍然是众说纷纭、莫衷一是。

（1）手机会引发爆炸事故：如果手机用户在有较大挥发性气体的加油站附近拨打电话，加油站的某些设备就有可能和手机发出的电磁波产生简谐共振现象，这种共振现象产生的热量会使加油站的空气中所含的大量挥发性气体发生爆炸。

（2）车祸：在意大利，每年发生的车祸高达22万起，平均每年有6500人在车祸中丧生，25万人终身残废。在肇事原因中，最主要的就是驾驶员在驾驶车辆时使用手机。

（3）造成新型污染：据研究机构报告表明，手机的原料中含有多种有毒物质，如砷、镉、铅和阻热化学物等。如果将废弃的手机和其他无线通信设备掩埋或送入焚烧炉，必将对环境造成污染。

（4）造成飞机失事：几乎所有的航空公司都做出了禁止旅客在飞机上使用手机的规定。在美国曾发生过一起因在飞机上接听手机导致飞机坠毁的事故。

光纤技术

☀ 光纤技术是一种以玻璃或塑胶纤维作为媒介，将讯息从一端传送到另一端的传媒技术。

光纤媒介的发明

日常生活中我们观察到光总是沿直线传播的，没有人想到除了用镜子还有什么东西能让光线弯曲。1970 年，英国物理学家廷德尔在实验中发现光线可以沿着水流传播，如果这股水流弯曲了，水流中的光线也随着"弯曲"。18 世纪初，希腊一名玻璃工人又发现光不仅可以从玻璃细棒的一端迅速传到另一端，而且丝毫不向外界发散，像水在水管中快速流动一样。这种现象一经报道，就引起科学界的极大兴趣。

1955 年，卡帕尼博士发明了具有实际意义的玻璃光纤，并由此产生了纤维光学这一新的学术领域。又过了几年，英国标准电讯实验室的高锟和他的同事们提出可以利用光导纤维进行远距离光信息传输。从此，光通信事业开始了它气势十足的发展历程。

▶ 作为良好通信材料的光纤

军事领域的光纤应用

1. 陆战场上的"网络神经"

光纤技术在军事通信领域愈来愈具有举足轻重的地位。它无论是在战略和战术通信的远程系统、基地间通信的局域网，还是在卫星地球站、雷达等设施间的链路中，都起着无可替代的作用。

2. 构建大洋中的"信息高速公路"

由于现代化的舰艇装备有大量的通信、雷达、导航、传感器系统和武器指挥系统等电子设备，加上其他电气设备，产生了严重的电磁干扰、射频干扰等问题。光纤在海军方面最重要的一项应用就是建立舰艇载高速光纤网。

3. 智能结构更显神奇

光纤技术军事应用的研究和开发于 20 世纪 80 年代中期达到高潮。进入 20 世纪 90 年代，这些研究和开发活动得到了进一步的加强。目前，一些发达国家正在利用光纤来研制智能蒙皮和武器装备的智能结构。

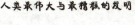
手 枪

☀ **手枪是一种单手发射的短枪。它短小轻便，具有突然开火的特点，通常在 50 米内有良好的杀伤威力。手枪由于短小轻便，携带安全，能突然开火，一直被世界各国的军队和警察使用。**

左轮手枪

手枪经过约 500 年的漫长发展、改进、演变的过程，逐渐具备了现代手枪的结构和原理。现代手枪诞生的标志是左轮手枪和自动手枪的发明。

左轮手枪是转轮手枪的俗称，它是一种个人使用的多发装填非自动枪械。其主要特征是枪上装有一个转鼓式弹仓，内有 5～7 个弹巢（大多为 6 个），枪弹装在巢中，转动转轮，枪弹可逐发对准枪管。由于常见的转轮手枪在装弹时转轮向左摆出，因而又称左轮手枪。

世界上第一支具有实用价值的左轮手枪是由美国人塞缪尔·柯尔特在 1835 年发明的。在此之前，早在 16 世纪，欧洲就曾出现过火绳式左轮扳手枪，后来又出现了燧发式转轮手枪。但是柯尔特以前的左轮手枪一是需用手拨动转轮，或是用手扳动击锤带动转轮到位，然后才能扣压扳机完成单动击发；二是枪弹的击发火需要解决，所以它们应用不广。

而柯尔特发明的左轮手枪具有底火撞击式枪机和螺旋线膛枪管，使用锥形弹头的壳弹，并且扣动一下扳机即可联动完成转轮待击发两步动作。这使左轮手枪第一次真正具有了良好的实用价值，得到了世界各国的广泛使用。虽然人们又对左轮手枪进行了一些改进，但它的基本结构和原理依然保持着柯尔特发明时的原样，所以柯尔特被称为"左轮手枪之父"是当之无愧的。

著名的枪械设计师约翰·摩西·勃朗宁出生于美国一个颇有声望的军械世家。1897 年后移居到比利时。勃朗宁曾

▲ 早期的左轮手枪

111

根据博查德的发明设计了多种性能优良的手枪，其中某些类型的勃朗宁手枪至今仍在许多国家的军队中装备使用。

手枪的发展

关于手枪出现的时代，各种说法大相径庭。一种说法是手枪出现在 1540 年，由意大利人造出了皮斯托亚手枪。另一种说法是，1419 年，胡斯信徒在反对西吉斯蒙德的战争中使用了一种哨声短枪，手枪因此而得名。

手枪应用于军事领域，可以追溯到 16 世纪中叶。1544 年，德国骑兵在伦特战斗中，对法军使用了单手转轮打火枪。随后法国也出现了相同的手枪骑兵。金属弹壳发明后，击发式手枪便出现了，其首要标志是美国人伊桑·艾伦设计了胡椒盒手枪，即多管旋转的击发手枪。接着，英国和欧洲大陆也开始生产此类胡椒盒手枪。

1835 年，美国军人柯尔特发明了装有底火撞击与线膛枪管的左轮手枪，这是第一支真正成功并得到广泛应用的左轮手枪。同年，史密斯·韦森研制出新型斯柯菲德 11.43 毫米左轮手枪。

1889 年毛瑟手枪问世，确立了自动手枪结构原理。1893 年，德国制造了第一支实用的博尔夏特 7.63 毫米自动手枪。德国人卢格对该枪又进行了改进，这就是世界闻名的卢格手枪。在两次世界大战期间，自动手枪得到了很大的发展，出现了许多结构新颖、性能优良的自动手枪，如美国的柯尔特 M1911 式及 M1911A1 式 11.43 毫米手枪，比利时的勃朗宁 9 毫米大威力手枪，意大利的伯莱塔 M1934 式 9 毫米手枪，奥地利的施泰尔 9 毫米手枪，等等。

从 19 世纪末自动手枪出现到现在，尽管手枪特别是近代手枪在制作技术上并没有重大的突破，但仍得到了一定的发展，包括手枪自动原理和结构的改进与发展，而且手枪的口径也经历了一个由大到小，又由小到大的发展过程。

步　枪

☀　步枪是步兵单人使用的长管枪械，主要用于发射枪弹，杀伤暴露的有生目标，有效射程300～400米。同时，步枪还可用刺刀、枪托进行格斗。

步枪的作用及特点

不同类型的步枪可以执行不同的战术使命，但步枪的主要作用是以其火力、枪刺和枪托杀伤有生目标。因此，在近战解决战斗的最后阶段，步枪起着重要的作用。

随着步枪的不断改进和发展，特别是它已经显示了的优越性——结构简单、重量小、使用和携带方便、适于大量生产和大量装备等，步枪即使在今天的高技术战争中，仍是军队中最普遍使用的近战武器。

步枪发展简史

步枪的发展过程基本上与手枪类似，都经过火门枪、火绳枪、击发枪等几个阶段，以后又由非自动改进发展成为半自动和全自动步枪等。

实际上，步枪的起源，最早的记载是中国南宋时期出现的竹管突火枪，这是世界上最早的管形射击火器。随后，又发明了金属管形射击武器——火铳，到明代又有了更大的发展。

最早的步枪都是火门枪，15世纪时出现火绳枪。到16世纪，由于点火装置的改进，火绳枪又被燧发枪取代。16～18世纪时，囿于当时的技术条件，步枪都是前装枪，使用起来费时费事，极为麻烦。

到19世纪40年代，德国研制成功德莱赛击针后装枪，这是最早的机柄式步枪。这种枪的

▼德军 MP-44 突击步枪

弹药开始从枪管的后端装入并用击针发火，因此比以前的枪射速快 4～5 倍，但步枪的口径仍保持在 15～18 毫米。19 世纪 60 年代，大多数军队使用的步枪口径已经减小到 11 毫米。19 世纪 80 年代，由于无烟火药在枪弹上的应用，以及加工技术的发展，步枪的口径大多减小，一般为 6.5～8.0 毫米，弹头的初速和密度也有提高。因此，步枪的射程和精度得到了提高。

19 世纪末，步枪自动装置的研究即已开始。1908 年，蒙德拉贡设计的 6.5 毫米半自动步枪首先用于装备墨西哥军队。第一次世界大战后，许多国家加紧对步枪自动装置的研制，先后出现了苏联的西蒙诺夫、法国的 1918 式、德国的伯格曼等半自动步枪。至第二次世界大战后期，各国出现的自动装置步枪性能更加优良。而中间型枪弹的出现，则推进了射速较高、枪身较短和重量较小的全自动步枪的研制成功，这种步枪也称为突击步枪，如德国的 StG-44 式、苏联的 AK-47 式突击步枪等。

第二次世界大战后，针对枪型不一、弹种复杂所带来的作战、后勤供应和维修上的困难，各国不约而同地把武器系列化和弹药通用化作为轻武器发展的方向，并于 20 世纪 50 年代基本上完成了战后第一代步枪的换装。

以美国为首的北约各国于 1953 年年底正式采用美国 T65 式 7.62×51 毫米枪弹，并先后研制成了采用制式步枪弹的自动步枪。美国的 M14 式、比利时的 FN FAL、联邦德国的 G3 式自动步枪就是这一种类的代表。

根据以往战争的经验，以及对步枪的射程及创伤弹道等问题的考虑，美国于 1958 年开始进行 5.56 毫米枪弹的小口径步枪的试验，从而推进发射 M193 式 5.56 毫米枪弹的 M16 式小口径步枪的问世。该枪于 1963 年定型，经过越南战争后，又做了进一步改进，于 1969 年大量装备美国军队。鉴于这种步枪具有口径小、初速高、连发精度好、携弹量增加等优点，北约各国也都竞相发展小口径步枪，并出现了一系列 SS109 式 5.56 毫米枪弹的小口径步枪。

此后，北约绝大多数国家都完成了战后步枪的第二次换装。其中有些步枪还可根据作战需要，既可单发射击，又能连发射击，还可发射枪榴弹。法国的 FAMAS5.56 毫米步枪，就是这类步枪的典型代表。

近年来，由于科学技术的飞速发展，出现了一些性能和作用独特的步枪，如无壳弹步枪、液体发射药步枪、箭弹步枪、未来先进战斗步枪等，为步枪的发展开辟了新的途径。

坦　克

☀ 　坦克是具有强大直射火力、高度越野机动性和坚固防护力的履带式装甲战斗车辆。它是地面作战的主要突击兵器，同时也是装甲兵的基本装备。主要用于与敌方坦克和其他装甲车辆作战，也可以压制、消灭反坦克武器，摧毁野战工事，歼灭有生力量。

疆场上的霸王——坦克

　　坦克的研制是从第一次世界大战开始的。当时为了突破敌方由壕沟、铁丝网、机枪火力点等组成的防御阵地，迫切需要一种集火力、机动力和防护力于一体的新式武器。于是，英国于 1915 年开始研制坦克，第二年就投入生产，并参与了 1916 年 9 月 15 日的对德作战。这种称为游民 I 型的坦克靠履带行走，能驰骋疆场，越障跨壕，不怕枪弹，无所阻挡，很快就突破了德军防线，从此开辟了陆军机械化的新时代。从那时起到现在，世界上已经建造了十几万辆坦克，成为各国陆军、海军陆战队和空降兵的主战武器。

115

▲苏联的 JS-2 重型坦克

▲二战时守卫勃兰登堡门的德国虎式坦克

▲JS-1 重型坦克

▲JS-3 重型坦克

　　火力、机动力和防护力是现代坦克战斗力的三大要素。火力主要取决于坦克的观瞄系统、火炮威力和弹药的威力。现代坦克一般采用先进的计算机、红外、微光、夜视、热成像等设备对目标进行观察、瞄准和射击。

　　坦克炮可以发射穿甲、破甲、碎甲和榴弹等多种类型的炮弹，还可发射炮射导弹。不同类型的穿甲弹对目标的破坏程度有所不同，一般在 2 000 米距离上能够穿透 400 毫米厚的装甲，在 1 000 米距离上可穿透 660 毫米厚的装甲，在 1 000 米以内破甲厚度可达 700 毫米。

　　除具有较大的破坏威力外，坦克炮的命中精度也很高，2 000 米原地对固定目标射击命中率可达 80%，1 500 米行进间对活动目标射击命中率能达到 60% 以上。如果再配合使用激光半主动制导炮弹，命中精度还会大大提高。不难看出，坦克炮的命中精度和导弹相差不大，而且穿甲、破甲和碎甲威力大大优于导弹，所以各国主战坦克仍以火炮为主要攻击武器。

坦克的不同类型

　　坦克的类型主要分为战斗坦克和特种坦克。

　　战斗坦克分为：超轻型、轻型、中型、重型、超重型坦克（其中中型和重型是主战坦克）。

　　特种坦克分为：水陆、侦察、空降、指挥、架桥、扫雷、喷火、工程、抢救、防空等坦克。

▶ 一战时的英国坦克

鱼 雷

鱼雷是能自航、自控、自导或通过线导导向攻击目标的水中武器，由雷头、雷身和雷尾组成。鱼雷一般是由舰艇、岸基发射台发射或由飞机、直升机投放，主要用于攻击大中型水面舰船和潜艇。按动力分为热动力鱼雷和电动鱼雷；按制导方式分为自控鱼雷、自导鱼雷和线导鱼雷；按攻击对象分为反潜鱼雷和反舰鱼雷。

水中利器——鱼雷

鱼雷是海战中在水中使用的武器。现在的鱼雷，发射后可自己控制航行方向和深度，遇到舰船，只要一接触就可能爆炸。它具有航行速度快、航程远、隐蔽性好、命中率高和破坏性大的特点。它的攻击目标主要是战舰和潜水艇，也可以用于封锁港口和狭窄水道。

鱼雷雷身状似柱形，头部呈半圆形，以避免航行时阻力太大。它的前部为雷头，装有炸药和引信；中部为雷身，装有导航及控制装置；后部为鱼尾，装有发动机和推进器等动力装置。鱼雷的动力系统能源分别为燃气和电力等。

鱼雷的类型

根据不同的需要，鱼雷分为大、中、小三种类型。直径在 533 毫米以上的为大型鱼雷，直径在 400～450 毫米之间的为中型鱼雷，直径在 324 毫米以下的为小型鱼雷。鱼雷主要用舰船携带，必要时也可以用飞机携带。在港口和狭窄水道两岸，也可以从岸上发射。鱼雷在水中航行的速度为 70～90 千米／时。

鱼雷的战斗力

鱼雷的破坏力很大，它在水中爆炸后主要破坏舰艇的水中部位，也就是舰艇的能源、动力和弹药舱，可使舰艇沉没或失去战斗力。在第一次世界大战中，各国被鱼雷击沉的舰船吨位达 1 153 万吨，占被击沉舰船总吨位的 89％；在第二次世界大战中，被鱼雷击沉的舰船吨位有 1 445 万吨，占被击沉舰船总吨位的 68％。

目前，世界各国都非常重视鱼雷的研究、改进和制造，目的是使鱼雷更轻便，进一步提高命中率、爆炸力和捕捉目标的能力。

雷 达

雷达是英文缩略词"radar"的音译，是一种无线电波探测装置。它号称"千里眼"，利用电磁波探测目标并测定其位置、速度和其他特征的电子设备，主要由定时器、发射机、天线、接收机、终端显示设备和电源组成。目标的距离可通过电磁波从雷达到目标，然后经目标反射回雷达的传播时间来确定。

雷达的发明

雷达是人类在 20 世纪电子工程领域的一项重大发明。雷达的出现为人类在许多领域引入了现代科技手段。

1935 年 2 月 25 日，英国人为了防御敌机对本土的攻击，开始了第一次实用雷达实验。当时使用的媒体是由 BBC 广播站发射的 50 米波长的常规无线电波。在一个事先装有接收设备的货车里，科研人员在显示器上看到了由飞机反射回来的无线电信号的回波，于是雷达产生了。

雷达是一种利用极短的无线电波进行控测的装置。它可以测定目标的方向、距离、大小等。世界上第一部雷达是由英国人沃特森·瓦特于 1935 年发明的。当时这部雷达能在 12 千米距离上发现飞行着的飞机。后来经过改进，雷达更加完善，作用更大，探测距离也更远。在现代社会，雷达被广泛应用在军事、天文、气象、航海、航空等方面。

▲在现代社会，雷达被广泛应用于军事、天文、气象、航海和航空等领域

20 世纪各年代的雷达技术

雷达作为一种高科技电子武器，其发展决定于电子技术、作战需求和经费投入三种因素。

第二次世界大战时，由

于战争的需要，交战双方都集中了大量的人力、物力、财力发展自己的雷达技术。雷达技术的发展水平，已作为衡量一个国家科技水平、军事实力的重要标志。

由于雷达在二次世界大战的辉煌战绩，战后各军事强国都加速发展自己的雷达技术，且把军用推广到民用领域。

20世纪30年代，出现了高功率、微波谐振腔磁控管，这一成就具有突破性，从而为早期的L~X波段微波雷达奠定了技术基础。

20世纪40年代，宽频带、窄波束的微波雷达成为军用雷达的主角，一些关键技术及理论成熟，为以后的雷达技术发展打下了良好基础。

20世纪50年代，面对着高速喷气式战斗机入侵和低空突防的威胁，以及需要防范洲际导弹的袭击，对远距离、高分辨率、高测量精度的新一代雷达提出了需求。

20世纪60年代，单脉冲雷达研制成功，雷达在现代化战争中易受干扰的弊端开始显现，其生存能力和快速反应能力开始提到议事日程，加速了频率分集、自适应天线等研究进程。

20世纪70年代，随着大规模集成电路及微电子技术的迅速发展，机载脉冲多普勒雷达、人造卫星与宇宙飞船装载的合成孔径雷达、微波固态相控阵雷达相继问世，对雷达技术发展起了划时代的作用。

现代雷达的特点

（1）功能综合化。多功能是指集搜索、跟踪、数据传递、武器控制于一体，并与机载雷达密切配合，真正实现在威胁环境中快速反应。

（2）网络化。人类社会正在进入网络社会，战争的模式正在从"平台中心战"走向"网络中心战"。雷达的网络化将大大提高战场信息感知的效能，同时大大提高雷达的反侦察、抗干扰、反隐身、反低空突袭的能力。

（3）隐身化。除了武器平台隐身，军用雷达本身也向隐身化方向发展。它解决了长期困扰雷达界的三大难题，即反侦察、反隐身、反辐射导弹。

（4）超视距和空间化。传统平台装载的微波雷达受地球曲率的影响，无法探测到视距以外的目标。超视距雷达就可发现视距的3~5倍甚至更远的距离。

（5）雷达和武器一体化。它既有雷达探测和跟踪目标的功能，又有杀伤或破坏的武器功能，所以也称为雷达武器。

119

火 箭

> ☀ 火箭是依靠火箭发动机产生的反作用力推进的飞行器，主要由箭体、推进系统和有效载荷等组成。

人类飞往宇宙的动力

人类对飞行梦想一次次进行着尝试，而航天之梦实现的最原始依据就是火箭。火箭的飞行利用了动力学中的动量守恒原理，它不但能在空气中飞行，还可以在大气层外的真空中飞行，而且由于没有了空气阻力，在真空中的飞行性能更好。通过不断的尝试，人们逐渐认识到要想进入太空，只有借助于喷气推进的火箭。

现代火箭的原理实质上就是动量守恒定律。火箭内部装有燃料和氧化剂，它们经过输送泵进入燃烧室，燃烧生成的大量炽热的高压气体从喷嘴向后方连续喷射，喷射气体的反冲力就是火箭的推动力。气体不断地喷出，火箭不断地受到向前的推动力的作用，速度也随之增大，最终达到极点。由于火箭自备氧化剂和燃料，因此不需要空气提供推动力，所以可以在空气稀薄的高空或宇宙空间飞行。

漫长的火箭发展史

火箭的发明最早出现在中国。在中国古代的记载中，火箭的含义比较广泛，比如在电影电视中经常可以看到箭头点燃，靠弓弩发射的竹箭也称为火箭，而真正的火箭是在火药出现后才发明的。

从唐末到宋初，火药武器开始得到使用，但由于其配方和制作方法还处于初级阶段，因此不足以作为推进的燃料。随着火药配方和制造技术的进步，12世纪初研制成功了固体火药，并把它用于制造火器和焰火烟花，在使用这些火器与烟花特别是手持使用时，有很多的不便之处，于是有人在这种启示下发

明了新的火药玩具。

12世纪末到13世纪初出现的玩具"穿天猴",可以说是真正意义上利用反作用原理的火箭,将这种原理的火箭作为武器使用,具有相当大的杀伤力,所以在战争中也开始频繁地使用它。

1127年南宋政权建立后,南宋、金和蒙古频繁交战,各方都使用了火器。1161年11月,金国侵略中原时,南宋军队第一次使用了火箭武器——"霹雳炮"重挫金军。这是人类历史上第一次在战场中使用火箭武器。

明代中国火箭发展进入了一个比较重要的时期,出现了很多种类的火箭,除了单级火箭,还发展了各种集束火箭、火箭弹和原始的多级火箭,并且对各种火箭的制造、应用、配备和发射剂原料配比及加工制造等都做了详尽的叙述。

火箭的发展有着漫长的历史。古今火箭在性能和结构复杂程度上相差极为悬殊,但原理却相同:依靠不断向后喷射燃气而前进。世界上公认,火箭是中国首先发明的。

明代发明的多级火箭与现代使用的集束式火箭和多级火箭原理上是一样的。

古代火箭主要用于作战,但已有人幻想利用它航天。现代火箭的产生和发展是建立在大量的理论和实验研究基础上的。由于液体燃料燃烧的理论和技术问题都比固体燃料简单,所以现代火箭的研发是从液体火箭开始的。

核武器

☀ 核武器是利用能自持进行的核裂变或聚变反应瞬时释放的能量，产生爆炸作用，具有大规模杀伤破坏效应的武器。核反应释放的能量比化学反应大几千万倍，反应过程在微秒级的时间内即可完成。

核武器发展

20世纪四五十年代研制的核武器，被称为第一代核武器。其特点是重量大、可靠性不高。主要由飞机携载，如原子弹、氢弹等。

20世纪六七十年代的核武器为第二代核武器。这些核武器体积小、威力大、可靠性和安全性高，如中子弹。

20世纪80年代后开始研制第三代核武器，包括带金属小弹丸的小型核弹，核爆炸X射线激光武器、γ（伽马）射线弹、电磁脉冲弹、核爆炸微波武器等。

核武器的种类

（1）原子弹：最普通的核武器，也是最早研制出的核武器。

（2）氢弹：利用氢的同位素氘、氚等氢原子核的聚变反应，产生强烈爆炸的核武器，又称热核聚变武器。

（3）中子弹：又称弱冲击波强辐射工弹。在战场上，"对人不对物"是它的一大特点。

（4）电磁脉冲弹：利用核爆炸能量来加速核电磁脉冲效应的一种核弹。

◀ 氢弹爆炸

（5）γ（伽马）射线弹：爆炸后尽管各种效应不大，也不会使人立刻死去，但能造成放射性污染，迫使敌人离开。

（6）感生辐射弹：一种加强放射性污染的核武器。

（7）冲击波弹：一种小型氢弹，采用了慢化吸收中子技术，减少了中子活化削弱辐射的作用。

（8）红汞核弹：它用红汞（氧化汞锑）作为中子源，由于不用原子弹作为中子源，所以体积和重量大大减少，一般小型的红汞核弹只有一个棒球大小，但当量可达万吨。

（9）三相弹：用中心的原子弹和外部铀 –238 反射层共同激发中间的热核材料聚变，以得到大于氢弹的效力。

超强的核武器性能

1. 目标覆盖能力

核武器攻击敌方目标的覆盖能力。由其运载工具的射程或航程反映、射程或航程指标决定，这种决定是根据本国战略核打击意图和技术水平提出来的。

2. 毁伤能力

核武器对目标的毁伤能力。由其爆炸威力、命中精度、目标特性、爆炸方式、毁伤作用因素等决定。

3. 突防能力

突防能力是进攻型核武器在敌方拦截下的生存能力。它与敌方使用的拦截手段有关。为提高突防能力，已采用一系列技术和手段：①加固技术；②减少目标被敌方发现、跟踪的概率等。

4. 生存能力

生存能力是指核武器在核环境下完成其发射、攻击任务的能力。

5. 可靠性

核武器系统的可靠性包括发射和飞行可靠性。

6. 作战灵活性

核武器的作战灵活性主要体现在：威力可调，爆高可调。同一型号导弹可使用不同种类的核弹头，具有选择和重新选定目标的能力，能迅速、实时变换攻击目标。

生化武器

○ 生化武器包括生物武器和化学武器两种，它们都属于大规模杀伤性武器。

灾难性的生化武器

生化武器在战争史上造成过许多严重的环境灾难。

生物武器是一种特殊的大规模杀伤性武器，由生物战剂及其施放装置组成。生物战剂是战争中用来杀伤人员、牲畜和毁坏农作物的致病微生物细菌毒素，并有很强的传染性，具有污染范围广、危害时间长、传播途径多、不容易侦察等特点。

化学武器主要是化学毒剂，包括神经性毒剂、糜烂性毒剂、全身中毒性毒剂、失能性毒剂、窒息性和刺激性毒剂等。它们通过爆炸法、加热蒸发法、播撒法等散布方式，形成气溶胶状、蒸汽状、液滴状和微粉状物质，对人畜起着巨大的伤害作用。

历史的伤痕

1. 细菌贻害 80 年

第二次世界大战中，日军在中国实施细菌战长达 12 年之久，这些细菌武器污染土壤和地下水已经 80 多年。对居民和环境造成严重的危害。侵华日军在中国使用生物武器造成的环境恶果至今没有完全消除。

2. 热带雨林没有树

美军在越南战争中大量使用植物杀伤剂，毁灭森林和庄稼。在所有毁坏森林的落叶剂中后果最严重的是橙色剂，它内含二噁英，毒性非常大。因此，越南农民把被橙色剂袭击过的地方称作"死亡地带"。研究表明，二噁英这种致癌物质已进入当地的生态系统，对环境造成严重污染。

科学与技术

　　科技的发展带动社会的突飞猛进。在近代史上，蒸汽机的发明促进了第一次工业革命，改变了人类的劳动方式，从此人类进入了机械化时代。20世纪是一个辉煌的时代，科技的发展达到了前所未有的高峰，特别是新能源的开发，更是让人们领略到了科技的伟大。

　　但是，在辉煌的科技成果背后却堆起了致命的垃圾堆，从被称为"白色恶魔"的废塑料、流动的城市杀手汽车，到超级污染源电池、令人恐怖的核辐射等等。这一切让我们在短暂享受它们给人们带来的益处的同时，要用更长、更多的时间来遭受并消除其害。

蒸汽机

蒸汽机也称"往复式蒸汽机"，是利用蒸汽在汽缸内膨胀，推动活塞运动而产生动力的一种往复式发动机。它的配汽机构按规定时刻使蒸汽进入汽缸内膨胀做功，也按规定时刻使做过功的乏汽自汽缸中排出，保证活塞连续不断地做往复运动。

从发明走向工业革命的蒸汽机

1763 年，有一台被送到了大学的蒸汽机需要瓦特负责修理。瓦特和另外几个人详细地研究起来。

这台蒸汽机是一个名叫纽克曼的苏格兰铁匠发明制造的，这在当时是最先进的蒸汽机了。在纽克曼之前，有许多人都对蒸汽当作动力用于生产怀着很大的兴趣。

在 1688 年，法国物理学家丹尼斯·帕潘，曾用一个圆筒和活塞制造出第一台简单的蒸汽机。但是，帕潘的发明没有实际运用到工业生产上。10 年后，英国人托易斯·塞维利发明了蒸汽抽水机，主要用于矿井抽水。

1705 年，纽克曼经过长期研究，综合帕潘和塞维利发明的简单蒸汽机的优点，创造了空气蒸汽机。而瓦特在 1796 年制成了有分离冷凝器的单动式蒸汽机。这种蒸汽机比纽克曼的蒸汽机有显著的优势，可节省约 75 % 的燃料。但他并没有满足于已取得的成就，1782 年，他又成功地制造了联协式蒸汽机。1784 年，瓦特对它进行了改进，为它增加了一种自动调节蒸汽机速率的装置，使它能适用于各种机械的运动。

1807 年，美国人富尔顿把瓦特的蒸汽机装在轮船上，从此，帆船的时代宣告结束。

1814 年，英国人斯蒂芬

127

森把瓦特的蒸汽机装在火车上，陆路运输的新时代开始。19世纪三四十年代，蒸汽机在欧洲和北美被广泛采用，这就是所谓的"蒸汽时代"。

蒸汽机发明的重大意义

蒸汽机的发明拉开了第一次工业革命的序幕。从此，人类进入蒸汽时代，蒸汽机替代了人类劳动，缩短了社会必要劳动时间，人类进入了工业文明发展新阶段。

对蒸汽机的重要性无论怎样肯定都不为过分。当然在工业革命中也出现了许多其他发明，如在采矿、冶炼和许多其他行业都有所发明。其中的几项发明如滑轮梭子（约翰·凯，1733年）和勒尼纺纱机（詹姆斯·哈格瑞夫斯法，1764年）皆出在瓦特着手改进蒸汽机之前。其他发明中的大多数只代表了小的改革，没有哪一项能单独地对工业革命起到举足轻重的作用。

然而蒸汽机则不同，它起着关键性的作用，没有它，工业革命就会面目全非。在它之前虽然风车和水轮有一定的用途，但是主要的动力源一向是人体，这个因素严重地限制了工业生产力。随着蒸汽机的发明，这一限制消除了。现在有了可供生产使用的巨大能量，生产率也就随之有了巨大的增长。

1973年禁运石油使人们认识到缺乏能量是多么严重地阻碍了工业的发展，这个经历使人们认识到瓦特的发明对工业革命的重要意义。

▼蒸汽机的发明拉开了第一次工业革命的序幕，而火车一直承载着近现代工业文明

火 车

铁路早期皆以蒸汽机车为牵引动力，机车上燃煤火光炽烈，因此被称为火车，后来泛指列车。火车是一种主要的交通工具，它的出现带动了社会的发展，为世界各国的交往，尤其是物质交流提供了便捷。

火车的发明

今天，当一列列火车风驰电掣般从我们面前闪过，迅速地从视野消失驶向远方时，我们不禁发出由衷的赞叹，发明火车的人太伟大了，他为后人留下这种快捷、便利又舒适的交通工具。

16世纪下半叶，在英国和德国的矿山和采石场铺有用木材做成的路轨，在轨道上行走的车是靠人力或畜力拉动的。1767年，英国的金属大跌价，有一家铁工厂的老板看到堆积如山的生铁，既卖不出去赚不了钱，又占用了很多地方，就令人浇铸成长长的铁条，铺在工厂的道路上，准备在铁价上涨的时候再卖出去。可是，人们发现车辆走在铺着铁条的路上，既省力，又平稳。这样，铁轨就先于火车诞生了。

铁条上行车毕竟不是很方便，于是铁条得到改进，做成了凹槽形的铁轨。可是这种轨道不是很稳，铁轨受到冲击容易翻倒而导致车辆出轨翻车。人们又把铁轨的下面加宽，造成像汉字的"工"字形，这种形状的轨道既稳定又可靠，一直沿用至今。

虽然铁路已诞生，可是行走在铁路上的车大部分是用马拉的。1783年，瓦特的学生默多克造出了一台用蒸汽机作为动力的车子，但效果不是很理想。1807年，英国人特里维希克和维维安成功制造出用蒸汽机推动的车子，可是这车子太笨重，难以在普通的道路上行走，而他们也没想到把这辆车放到铁轨上去，所以不久后被也弃之不用。直到1814年，英国工程师斯蒂芬森造出了在铁轨上行驶的蒸汽机车，真正的火车诞生了。

第一个火车头"布鲁克"

斯蒂芬森出生于1781年，父亲是煤矿上的蒸汽机司炉工，母亲没有工作，一家八口全靠父亲的工资收入生活，日子过得十分艰难。14岁那年，斯蒂芬森来到煤矿当了一名见习司炉工。他很喜欢这个工作，

▲强大的火车头

别人下班了，他却认真地擦洗机器，清洁零部件。由于频繁拆拆装装，他逐渐掌握了机器的结构，很快又掌握了机械、制图等方面的知识。

一次，他用书本上学到的知识，结合工作的实际，设计了一台机器。煤矿上的总工程师看到他设计的机器草图，大加赞赏，这给了斯蒂芬森很大

的鼓励。由于他的勤奋努力，不久，斯蒂芬森成了一名熟练的机械修理工。

后来，斯蒂芬森开始研制蒸汽机车，他改进了产生蒸汽的锅炉，把立式锅炉改成卧式锅炉，并做出了一个极有远见的重大决断，决定把蒸汽机车放在轨道上行驶，在车轮的边上加了轮缘，以防止火车出轨，又在承重的两条路轨间加装了一条有齿的轨道。

因为当时考虑蒸汽机车在轨道上行驶，虽可避免在一般道路上因自身太重而难以行走的缺点，可在轨道上也会产生车轮打滑的问题，所以在机车上装上棘轮，让它在有齿的第三轨上滚动而带动机车向前行驶。

1814年，斯蒂芬森的蒸汽机车火车头问世了。他发明的这个铁家伙有5吨重，车头上有一个巨大的飞轮。这个飞轮可以利用惯性帮助机车运动，斯蒂芬森为他的发明取了个名字叫"布鲁克"。这个"布鲁克"可以带动总重量约30吨的8个车厢。在以后的10年间，他又造了11个与"布鲁克"相似的火车头。

第一列火车的诞生

斯蒂芬森的新发明也有很多缺点：首先是震动太大，有一次，甚至震翻了车；其次是速度不快。因此，斯蒂芬森经过改进，终于造出

了一辆新的更先进的蒸汽机车，他将它命名为"旅行号"。

▲世界上最早的火车

1825 年 9 月 27 日，在英国的斯托克顿附近挤满了约 4 万名观众，铜管乐队也整齐地站在铁轨边，人们翘首以待，望着那蜿蜒而去的铁路。忽然人们听到一声激昂的汽笛声，一台机车喷云吐雾地疾驶而来。机车后面拖着 12 节煤车，另外还有 20 节车厢，车厢里乘载着约 450 名旅客。斯蒂芬森亲自驾驶着世界上第一列火车。火车驶近了，大地在微微颤动。所有的观众都惊呆了，简直不敢相信自己的眼睛，不敢相信眼前的这个铁家伙竟有这么大的力气。火车缓缓地停稳，人群中爆发出一阵雷鸣般的掌声和欢呼声。铜管乐队奏出激昂的乐曲，七门礼炮同时发放，人们在庆祝世界上诞生了火车。这列火车以 24 千米 / 时的速度，从达灵顿驶到了斯托克顿，铁路运输事业从这天开始。

至此，火车的优越性已充分体现了出来：速度快、平稳、舒适、安全可靠。随即在英国和美国掀起了一阵修筑铁路、建造机车的热潮。仅 1832 年这一年，美国就修建了 17 条铁路。而斯蒂芬森继续作为这个革命性运输工具的发明者和倡导者，解决了火车铁路建筑、桥梁设计、机车和车辆制造的许多问题。他还在国内和国外许多铁路工程中担任顾问。就这样，火车在世界各地很快发展起来。直到今天，火车仍然是世界上重要的运输工具。

131

齿　轮

齿轮是轮缘上分布着许多齿的能互相啮合的机械零件，相互啮合的齿轮可以传递运动和动力。

人类对齿轮的应用

人类使用齿轮的时间很长。早在古罗马时代，人们就采用齿轮机构制作里程表，直到现在的里程表，很多还是采用这种原理。据中国的典籍记载，东汉时期的水磨就采用了齿轮结构。有人推测，黄帝的指南车也采用了齿轮机构。在蒸汽机出现之前，人类的机械功率都很小，最多不过几马力，对动力传动机构的要求不高，齿轮发展很是缓慢。除了前面提到的例子，使用最多的就是机械式钟表，另外还有原始的机械计算器。

蒸汽机的出现掀开了工业革命的伟大篇章，人类从未如此深刻地感觉到人力的渺小。即使是今天，如果我们到大型的机械制造厂里面参观，机械动力的巨大力量仍然让我们感到震惊。动力的问题解决之后，机械机构的设计日新月异，齿轮也不例外。齿轮机构实际上是一种动力机构，基本的用途在于改变运动的速度和方向。相对于其他动力机构，齿轮能够传输的功率更大、安全性更高、使用寿命更长，因此在现代工业中得到了广泛的应用。

齿轮的发展

关于齿轮，据说在希腊时代就有了很多设想。希腊著名学者亚里士多德和阿基米德都研究过齿轮。大约在公元前

▶ 想撬起地球的阿基米德

150年，希腊著名的发明家古蒂西比奥斯在圆板工作台边缘上均匀地插上销子，使它与销轮啮合，他把这种机构应用到刻漏上，这可能是最早的齿轮应用。

在公元前100年，亚历山大的发明家赫伦发明了里程计，在里程计中使用了齿轮。公元1世纪时，罗马的建筑家毕多毕斯制作的小汽车式制粉机上也使用了齿轮传动装置。到14世纪，开始在钟表上使用齿轮。15世纪的大艺术家达·芬奇发明了许多机械，也使用了齿轮。但这个时期的齿轮与销轮一样，齿与齿之间不能很好地啮合。这样，只能加大齿与齿之间的空隙，而这种过大的间隙必然会产生松弛的现象。

后来，为了使齿轮啮合得精确，人们希望通过计算方法得到齿轮的形状。所以数学家们也参加了齿轮研究工作。1674年，丹麦天文学家雷米尔发表了关于制造齿轮的基准曲线（摆线）的论述。1766年，法国的数学家卡诺发表了更详细的论述。1767年，瑞士数学家欧拉对渐开线原理发表了新的研究见解。1837年，英国的威列斯创造了制造渐开线齿轮的简单方法。这样，在生产中渐开线齿轮取代了摆线齿轮，应用日趋广泛。

133

齿轮的不同分类

齿轮可按齿形、齿轮外形、齿线形状、轮齿所在的表面和制造方法等分类。

齿轮的齿形包括齿廓曲线、压力角、齿高和变位。由于渐开线齿轮比较容易制造，因此现代使用的齿轮中，渐开线齿轮占绝大多数，而摆线齿轮和圆弧齿轮应用较少。

在压力角方面，小压力角齿轮的承载能力较小，而大压力角齿轮虽然承载能力较高，但在传递转矩相同的情况下轴承的负荷增大，因此仅用于特殊情况。而齿轮的齿高已标准化，一般均采用标准齿高。变位齿轮的优点较多，已遍及各类机械设备中。

▲小小齿轮改变大大世界

汽　车

☀　一种能自行驱动的主要供运输用的无轨车辆，原称"自动车"，因多装用汽油机，故简称汽车，沿用至今。

汽车的发明

1886 年，德国工程师卡尔·本茨在曼海姆制成了世界上第一辆汽车。该车只有三个轮子，采用一台两冲程单缸 0.9 马力的汽油机，具备现代汽车的基本特点，如火花点火、水冷循环、钢管车架、钢板弹簧悬架、后轮驱动、前轮转向等。人们把卡尔·本茨制成第一辆三轮车的 1886 年视为汽车诞生之年。

世界汽车业的发展

19 世纪末，汽油机的发明为汽车的研制提供了新型动力。现代意义上的汽车的发明者实际上是德国的戈特利布·戴姆勒和卡尔·本茨。戴姆勒为了给各种交通工具提供动力，设计了一种快速运转的发动机，并运用了新的热管燃烧装置。燃料由传统的煤气燃料改为液体燃料（汽油）。与此同时，本茨也制成了四冲程内燃发动机。不同的是，他运用电子打火装置，利用火花塞使发动机获得了令人惊叹的速度。

1886 年 7 月，本茨首次试开他的三轮汽车。车子由金属管构架，不仅漂亮而且轻巧。这也是世界上第一辆真正的汽车。此后，汽车制造作为一种工业，迅速在欧洲和美洲国家兴起。

1893 年，杜瑞亚兄弟制造出了美国最早的汽油汽车。1903 年，美国制造出后来以完成横穿美洲大陆而闻名的帕卡特汽车。美国通用汽车公司于 1905 年制造出凯迪拉克牌汽车。设计者将发动机装在座椅下，使汽车像自行车那样靠链条传动后轮。1907 年，意大利生产出了以车速快而

▲1886 年 1 月 29 日是汽车诞生的日子。这一天，由卡尔·本茨设计和制造的世界上第一辆能实际应用的三轮内燃机发动的汽车获得了专利证书

著称的菲亚特汽车。1907 年，英国制造出了噪声小、故障率低的劳斯莱斯汽车。从此，汽车作为一种崭新的交通工具走进了人们的生活。

汽车的诞生无疑具有划时代的意义，它不仅改变了人类传统的"行"的方式，更开启了个人交通运输的新纪元。

世界汽车的发展历史大约经历了 129 年。19 世纪末期至第一次世界大战期间，便形成了一个汽车的发明时期，也是发达国家汽车工业的初步形成时期。到了 1901 年，德国已有 12 家汽车制造厂，职工总数也有 1 773 人，年产汽车 884 辆。7 年以后，汽车厂又猛增至 53 个，职工 12 430 人，年产汽车 5 547 辆，不仅能供应国内市场，而且已把大量的产品销往世界各地。但是，最有影响的汽车厂，仍是奔驰和戴姆勒两个厂家。

奔驰公司从 1894 年开始成批生产"维洛"牌小汽车。1901 年，戴姆勒公司首先应用了喷嘴式化油器和磁电机点火装置，使发动机的性能大为改善，到 1913 年第一次世界大战爆发以前，德国汽车工业已基本形成一个独立的工业部门。据 1914 年统计，有汽车制造职工 5 万多人，年产汽车 2 万辆，汽车占有量已达 10 万辆。

汽车的危害

全世界每年有 120 万人死于车祸，而在交通事故中受伤和致残者更是高达数百万人，其中青年人和初领驾驶执照者占很大比例。去年，全球 50 % 的交通事故受害者年龄在 15～24 岁。每年由交通事故造成的经济损失达 5 180 亿美元。在中国 2003 年经全国公安交通管理部门

▼1886 年 3 月戴姆勒花费了 775 马克为他的妻子埃玛购买了一辆四轮马车作为她 43 岁的生日礼物，然而直到 5 个月后埃玛才收到这份礼物。此时这辆马车已经经过戴姆勒的改装，成为带有一台单缸发动机的四轮汽车——人类历史上第一辆四轮汽车便诞生了，而戴姆勒也由此被称为"汽车之父"。

受理的道路交通事故 667 507 起，造成 104 372 人死亡、494 174 人受伤、直接经济损失达 337 亿元。平均每天约 1 800 起，平均每天死亡 280 多人。我国汽车保有量占全世界的 19 %，事故死亡人数占全世界的 15 %左右。我国已成为世界上道路交通事故最为严重的国家之一。

▲戴姆勒发动机厂第一款投放市场的汽车，摩洛哥苏丹的座驾

　　汽车如今已成为许多发达国家和一些新兴发展中国家的支柱产业。它在带动冶金、电子、化工、机械等行业发展的同时，也消耗了大量的原材料，仅钢铁一项，每千辆小轿车平均消耗钢材达 600～800 吨。无论是交通运输的基础设施，还是交通运输工具，其消耗的建造材料，需要开采大量矿产资源，对资源储量将造成巨大压力。

▼自 1904 年开始，在伦敦等欧洲大城市中开始启用这样的戴姆勒双层公共汽车

自行车

☀ 　自行车又称"脚踏车""单车"，是一种以双脚驱动的两轮交通工具。

自行车的发明

　　发明自行车的是德国人德莱斯。德莱斯原来是一个看林人，每天都要从一片林子走到另一片林子。多年走路的辛苦，激起了他发明交通工具的欲望。他想：如果人能坐在轮子上，那不就走得更快了吗？就这样，德莱斯开始设计和制造自行车。他用两个木轮、一个鞍座、一个安在前轮上起控制作用的车把，制成了一辆轮车。人坐在车上，用双脚蹬地驱动木轮运动。就这样，世界上的第一辆自行车问世了。

自行车的发展

　　自世界上第一辆自行车问世至今已有 200 多年的历史。德国人德莱斯发明了最原始的自行车。它只有两个轮子而没传动装置，人骑在上面，需用两脚蹬地驱车向前滚动。

　　1801 年，俄国人阿尔塔马诺夫设计出世界上第一辆用踏板踩动的自行车。

　　1817 年，德国人冯·德莱斯在自行车上安装了方向舵，使其能改变行驶方向。

　　1839 年，苏格兰人麦克米伦制造出木制车轮，装实心橡胶轮胎、前轮小、后轮大，坐垫较低，装有脚踏板入曲柄连杆装置，骑者可以双脚离开地面的自行车。同年，他又将木质自行车改为铁质自行车。

　　1867 年，英国人麦迪逊设计出第一辆装有钢丝辐条的自行车。

　　1869 年，在德国斯图加特出现了由后轮导向和驱动的自行车，同时车上采用了滚珠轴承、飞轮、脚刹、弹簧等部件。

　　1886 年，英国人詹姆斯把

据称这是世界上最早的自行车

自行车前后轮改为大小相同，并增加了链条，使其车型与现代自行车基本相同。

1887年，德国曼内斯公司将无缝钢管首先用于自行车生产。

1888年，英国人邓洛普用橡胶制造出内胎，用皮革制造出外胎，以此作为自行车的充气轮胎。此乃现代自行车的雏形。

自行车在我国的发展

我国的自行车是1887年从英国输入的。到1949年时，我国自行车产量是15万辆。而到了1978年，年产量已达到854万辆，一跃而起、稳居世界第一位，成为"自行车的王国"。

绿色环保的交通工具

自行车是我国广大城乡居民使用的交通工具，不仅可以用来代步，而且还被用作运输工具和运动竞赛、健身锻炼的器械。自行车由于具有无能耗、无噪声、使用方便、结构简单和价格低廉等特点，无论是发达的工业国家还是发展中国家，对自行车发展都未停止。特别是全球受到严重环境污染威胁的今天，自行车更是一种"绿色交通工具"。

▶ 自行车运动在今天已转变为一种体育运动

高速公路

高速公路是供汽车分道高速行驶的公路。能适应 120 千米／时或更高的速度。要求路线顺滑，纵坡较小。路面有 4～6 车道的宽度，中间设分隔带，采用沥青混凝土或水泥混凝土路面，在必要处设坚韧路栏。为保证行车安全，应有必要的信号、标志和照明设备，以禁止在路上行走或行驶非机动车。与铁路或其他公路相交时采用立体交叉，行人则借助跨线桥或地道通过。

世界上第一条高速公路

1925 年，一条横跨整个北美大陆、从纽约直达旧金山的林肯高速公路贯通，这是世界上第一条高速公路。

高速公路的飞速发展

高速公路的发源地是德国。德国最早的一条高速公路是柏林的阿布斯高速公路。这条公路自格吕纳巴尔特起，到班塞的郊区，全长 10 千米，有两条行车线。公路的设计是从 1909 年开始的，在即将完成之际，爆发了第一次世界大战，工程因此中断。这条高速公路于 1921 年 9 月 10 日正式通车，作为一般道路兼试车场，至今仍在使用。后来从利于交通的观点出发，废除了在这条高速公路上赛车的制度。

第二次世界大战以后，多层的立体交叉和各种控制交通的电子监视装置及防撞、防眩网等相继出现，更使高速公路以一日千里的速度发展，遍及世界各地。

海底隧道

☀ 海底隧道是为了满足横跨海峡、海湾之间的交通，而又不妨碍船舶航运，建造在海底之下供人员及车辆通行的海底下的海洋建筑物。

青函海底隧道

1964 年 5 月，日本青函海底隧道开始挖调查坑道。经过 7 年的各种海底科学考察，专家们才最终选定了安全的隧道位置，并于 1971 年 4 月正式动工开挖主坑道。经过 12 年的施工，1983 年 1 月 27 日，南起青森县今别町滨名，北至北海道知内町汤里，世界上最长的海底隧道——青函海底隧道的先导坑道终于打通了。1988 年 3 月 13 日清晨，首班电气化列车满载乘客从青森站和函馆站相对发出。电车从海底通过津轻海峡只用了大约 30 分钟。青函海底隧道正式通车，结束了日本本州岛与北海道岛之间只靠海上运输的历史。

▶ 青函海底隧道是世界上最长的海底隧道，隧道中有著名的哆啦 A 梦火车

海底隧道的发展

日本是较早修建海底隧道的国家。20 世纪 40 年代修建的关门海峡隧道是世界上最早的海峡隧道。"二战"后，日本曾一度停止了连接海峡的隧道建设。随后英国和法国修建英法海底隧道，然后挪威、丹麦、美国、荷兰等国家陆续修建海底隧道。到现在为止，海底隧道已经是全球除海、陆、空外的另外一种交通运输方式，越来越引起人们关注。

修建海底隧道的意义

海底隧道的开通加强了全球各地的联系。海底隧道具有改变海峡间运输性质的巨大作用，其最大优点是直达、便捷、快速、通过量大和长期效益显著。在整个运输过程中，无须中途装卸，运行速度远远快于火车轮渡，通过量成倍增加，且一次投资、百世享用。如果在渤海海峡的最窄处打通海底隧道，按国际通行的隧道电气化通过方式（160千米/时），通过海峡时间只需40分钟，仅相当于轮渡时间的1/13；若按每昼夜双向通过火车100对计算，每年最大货运通过能力可达8 000万吨以上，客运通过能力可达3 000万人次。

工程庞大的海底隧道

海底隧道是建造在海峡以下，供车辆、行人、水流、管线等通过的地下建筑物。海底隧道一般分为海底段、海岸段和引道三部分，主要部分是海底段，埋置在海床底下，两端与海岸段连接，再经过引道与地面线路相通。在两岸还要设置竖井，井内安装通风、排水和供电等设备。

由于海底地质情况不易探明，隧道工程非常艰巨复杂，对各种配套技术要求很高，投资巨大，工期很长。因此，20世纪末只有少数国家在研究和进行这种工程。

磁悬浮列车

☀ "磁悬浮列车"，也称为"磁垫车"。它采用电磁吸力或电磁斥力悬浮导向，是由直线电动机推进的车辆。

磁悬浮技术

1922 年，德国工程师赫尔曼·肯佩尔提出磁悬浮列车的构想，为人类寻求更快速度的新陆路交通工具推开了探索之门。数十载光阴过后，世界上诞生了三种不同类型的磁悬浮技术，分别是由德国人、日本人和中国人提出的。

第一辆磁悬浮列车

日本科学家经过 10 多年努力，耗资 230 亿日元，于 1979 年研制出世界第一辆超导磁悬浮列车。

两种不同的磁悬浮理论

高速磁悬浮列车是 20 世纪的一项技术发明，其原理并不深奥。它是运用磁铁"同性相斥，异性相吸"的性质，使磁铁具有抗拒地心引力的能力，即"磁性悬浮"。

根据吸引力和排斥力的基本原理，国际上磁悬浮列车有两个发展方向。一个是以德国为代表的常规磁铁吸引式悬浮系统——EMS 系统。利用常规的电磁铁与一般铁性物质相吸引的基本原理，把列车吸引上来，悬空运行，悬浮的气隙较小，一般为 10 毫米左右。常导型高速磁悬浮列车的速度可达 400 ~ 500 千米 / 时，适合于城市间的长距离快速运输。另一个是以日本为代表的排斥式悬浮系统——EDS 系统，它使用超导的磁悬浮原理，使车轮和钢轨之间产生排斥力，使列车悬空运行，这种磁悬浮列车的悬浮气隙较大，一般为 100 毫米左右，时速可达 500 千米以上。这两个国家都坚定地认为自己国家的系统是最好的，都在把各自的技术推向实用化阶段。

随着现代高科技的发展，高速、平稳、安全、无污染的磁悬浮列车，将成为 21 世纪人类的理想交通工具。

飞 机

☀ 飞机是一种有动力装置的重于空气的航空器。主要由机翼、尾翼、机身、起落装置、动力装置和操纵系统等部分组成。

"飞行者" 一号的诞生

1903 年秋，莱特兄弟成功制造出世界上第一架动力飞机 "飞行者" 一号，实现了人类飞行的梦想。这是一架用轻质木料为骨架、帆布为蒙皮的双翼机。驾驶者俯卧在下层机翼正中操纵飞机，它能平稳地直飞，还能操纵它转向飞行。1903 年 12 月 17 日早晨，弟弟奥维尔·莱特驾驶着 "飞行者" 一号进行了世界上首次动力飞行。这次具有历史意义的飞行持续了 12 秒，飞行距离约为 36 米。

飞机的最初发展

继莱特兄弟之后，法国、美国等多个国家的工程师都陆续研制出自己的飞机。1909 年 7 月 25 日，法国的布莱里奥驾驶着他的小型单翼机首次飞越多佛尔海峡，从法国飞抵英国，完成了人类的首次跨海飞行。

1919 年 6 月 14 日，英国的阿尔科克上尉和布朗中尉驾驶 "维米" 式飞机从纽芬兰起飞，历时 16 小时 27 分飞抵爱尔兰，航程 3 000 多千米，完成了人类首次跨越大西洋的飞行。

中国最早的飞机设计师和飞行员冯如，从 1907 年开始研制飞机，他是卓有贡献的航空先驱之一。此后的飞机研制越来越科技化，越来越追求高空、高速。

多样的飞机类别

飞机按用途可以分为军用机和民用机、研究机；按机翼的数量可以将飞机分为单翼机、双翼机和多翼机；也可以按机翼的形状分为平直翼飞机、后掠翼飞机和三角翼飞机；还可以按飞机的发动机类别分为螺旋桨式和喷气式两种。

先进的喷气式飞机

早期的飞机靠机身前端的螺旋桨旋转产生牵引力向前运动。螺旋桨产生的牵引力不大，飞机飞行的速度也不快。1939 年 8 月 27 日，第一架喷气式飞机飞行成功，大大提高了飞机的飞行速度。

飞机的重大作用

飞机是人类历史上第一次有动力、可载人、持续、稳定、可操作的飞行器。飞机的首次成功飞行，距今已有 100 多年。百年历史在人类长河中只不过是一个短暂的片段。但在这个百年中，人类不仅学会了飞行，而且飞得越来越高、越来越快、越来越远。飞机的发明，改变了全球的交通、经济，改变了产业结构和人类的生活。

人类在向地球深处进军时，飞机也被广泛应用于地质勘探。人们使用装备了照相机或者电子设备的飞机，可以迅速而准确地对广大地区，包括因险峻而难以到达的地方进行测绘。

▲HH-3E 直升机

轮 船

☀ 轮船是水上运载工具，利用机器推进的船的总称。有的可在水下航行，如潜艇；也有系泊不航的，如趸船等。早期的船多用木材建成，19世纪后期出现铆接结构的钢船。

"轮船" 一词的来历

"轮船" 一词始于我国唐代。唐代李皋发明了 "桨轮船"（车轮船）。桨轮船的两舷装着会转动的桨轮，桨轮外周装上叶片，它的下半部分浸在水中，上半部分露出水面，由人力踩动桨轮，叶片拨水，推进船舶。因这种桨轮露出水面，所以称为 "明轮船" 或 "轮船"，以便和人工划桨的木船、风力推动的帆船相区别。

"克莱蒙特" 号的问世

被人们称为 "轮船之父" 的罗伯特·富尔顿是美国机械工程师、画家。他在 1807 年 7 月设计出排水量为 100 吨、长 45.72 米、宽 9.14 米的汽轮船 "克莱蒙特" 号。船的动力是由 72 马力的瓦特蒸汽机带动桨轮拨水。8 月 17 日，"克莱蒙特" 号载有 40 名乘客从纽约出发，沿着哈德孙河逆水而上，31 小时后，驶进 240 千米以外的奥尔巴尼港，平均时速 7.74 千米。"克莱蒙特" 号的始航揭开了轮船时代的帷幕。

此后，"克莱蒙特" 号定期在哈德孙河上航行，成为世界上第一艘蒸汽轮船。奠定了轮船不容摇撼的地位。其后不到 5 年间，欧洲与美国就出现了 50 艘蒸汽轮船在定期航线上航行。

船舶的工作原理

轮船是利用物体漂浮在水面的原理工作的。把密度比水大的钢材制成空心的，使它排开更多的水，增大可利用的浮力。轮船在河里和海里都是浮体，因而所受浮力相同。根据阿基米德定律，它在海水里比在河水里浸入的体积小。

明轮船模型

船舶的发展

船是水路上的主要运输工具。船的起源国尚无定论。早在公元前6000年，人类已在水上活动。世界上最早的船可能就是一根木头，人们由试着骑到水中漂浮的较大的木头上，从而想到了造船。

中国是世界上最早制造出独木舟的国家之一，并利用独木舟和桨渡海。中国古代航海造船技术的进步，在国际上处于领先地位。在近代船舶发展史上，第一位将蒸汽机装到船上的人是法国的帕潘，那是在1695年。之后到了1787年，美国人费奇也造了一艘用蒸汽机在船的两侧划水的船。还有英国人辛明顿，他在1803年也造出一艘同样的划水船。但一般说来，轮船的发明人当属美国发明家富尔顿。他本人有多项发明，轮船只是其中之一。

其实，富尔顿发明的"克莱蒙特"号轮船是以费奇的设计图为蓝本，所用的蒸汽机也是瓦特式的。而另一个美国人斯蒂芬森发明的"费尼克斯"号要比"克莱蒙特"号好得多，而且蒸汽机也是斯蒂芬森自己制造的，但由于下水时间晚了几天，这项发明的荣誉就为富尔顿所获。

146

轮船的重大贡献

轮船的发明对人类社会生活做出了巨大的贡献，在世界航运史上写下了崭新的一页。它是海上交通最大的工具，缩短了各大洲的距离，并且被广泛运用到远洋航行和海洋勘测中。在火车、轮船发明后，促进了工业经济的发展，由于金融的载体作用及产品的远距离运输，资本主义得到迅速发展。

▶ 1807年，富尔顿发明的「克莱蒙特」号

计算机

计算机是数字运算工具之一，原为机械结构，用以做加、减、乘、除、开平方、开立方等运算。按传动结构分类，可分为手摇、自动、半自动三种；按用途分类，又有各种专用计算机，如自动加法机、柜式收银机等，目前已淘汰。随着电子技术的发展，出现了电子计算器和电子计算机，结构轻巧，运算速度快，功能多。

世界上第一台电子计算机"埃尼阿克"

世界上第一台电子计算机是美国的莫克莱和埃克特在 1946 年发明的，名为"埃尼阿克"。它装有 18 000 多支电子管和大量的电阻、电容，第一次用电子线路实现运算。计算机重 30 吨，占地 170 平方米，主要用于计算弹道和氢弹的研制。

147

计算机的更新换代

第一代（1946—1958 年）：以电子管为主要组件，使用机器语言，存储量小，但运算速度已达到每秒几千次到几万次，主要用于科学计算。

第二代（1958—1964 年）：以晶体管为主要组件，使用高级程序设计语言，运算速度每秒几万次到几十万

▶世界上第一台电子计算机「埃尼阿克」

▶世界上第一台电子计算机的发明者埃克特（左）和莫克莱博士（右）

次，除用于科学计算外，还扩大到数据处理和工业控制方面。

第三代（1964—1970年）：以中、小规模集成电路为主要组件，机种趋向多样化、系列化，外部设备不断增加，尤其是终端设备和远程通信设备迅速发展；软件功能进一步完善，运算速度每秒几十万次到几百万次，已广泛运用于各个领域。

第四代（1970年开始）：采用大规模集成电路和半导体存储器。体积更小，出现了由多台计算机组成的综合信息网络，深入社会生活的各个方面。此时运算速度为每秒几千万次，最高达每秒几亿次。

现在研制的电子计算机采用超大规模集成电路及其他新的物理器件为主要组件，能处理声音、文字、图像和其他非数值数据，并有推理、联想和学习、智能会话和使用智能库等人工智能方面的功能。

计算机发明的意义

电子计算机的发明标志着真正意义上的信息技术开端。计算机的发明，使人类进入了第三次产业革命——信息化技术革命的新时代。它对人类的科技、经济、工作、生活、学习等各领域带来了深刻的影响和变化，人类社会正向信息化社会过渡。与信息化社会相适应的社会技术是信息技术，信息技术的核心是计算机技术、通信技术和网络技术。

电子计算机的组成

计算机是用来处理信息用以计算的，但如何处理，如何计算，关键取决于软件。我们操作计算机，为使硬件有条不紊地工作，必须向计算机发出指令，安排合理的工作顺序，这个指令就叫作程序。而电子计算机的整个程序系统就叫软件。

电子计算机的程序有两大类：一种是应用程序，另一种是系统程序。我们也可把它们叫作应用软件或系统软件。按照使用者所给出的一串串指令和数据进行工作，指令串就构成了应用程序；供用户使用的、常与电脑硬件直接联系的软件叫系统软件。它一方面负责人与电脑之间的信息交换，另一方面负责组织、协调电脑各部分的工作。

电子计算机硬件包括5个部分：运算器、存贮器、控制器、输入装置、输出装置。运算器、内存贮器、控制器称为主机部分，输入、输出装置、外存贮器称为外部设备。

电子计算机的发展改变了教育面貌

计算机技术在非常短的时间内已经取得了极大的发展。最初计算机的体积十分庞大，足以占据好几间房屋，并且价格十分昂贵，只有少数专家才有条件使用。现在计算机的体积已经变得很小，容易携带，并且功能强大，效率更高，性能更加可靠。

计算机已成为人们生活中不可或缺的一部分

149

根据《教育周刊》（2005）报道，在美国，平均每 38 个学生就拥有一台教学用计算机，平均每 41 个学生拥有一台与互联网相连的教学用计算机。美国国家教育统计中心（NCES）的报告同样也从历史的角度考察了美国在校生应用计算机和信息技术（ICT）的历年变化情况。根据美国国家教育统计中心（NCES）2003 年的秋季报告，美国公立学校在校生的人机比已经从 1998 年的 12：1 下降到 4.4：1，接入互联网的学校从 1994 年的 35％ 发展到 100％。

随着教师和学生越来越多地应用现代技术，可供学校教学使用的技术种类也在不断增加。学生现在已经可以使用台式电脑、笔记本电脑、掌上电脑、外围设备、互联网资源、多媒体技术、数字化学习系统，以及许多应用于不同领域的软件资源。

与此同时，计算机技术也成为很多儿童日常生活中的一部分。最近的研究表明，目前在美国有 2 100 万的青少年（12～17 岁）在使用互联网，有大约 1 100 万的青少年每天都上网。在 2000 年，大约有 42 ％的青少年每天上网。青少年在网上的活动范围十分广泛，包括网络游戏、网上购物、新闻阅读和健康咨询等。

这些数据都表明，计算机技术已经从十几年前只为少数专家所专有的高新技术，发展成为能够被大多数人使用的通用技术。这种发展不仅改变了计算机技术的内涵、特征，以及它在我们生活中的地位，而且也改变了我们对计算机和教育的态度。

电子管

电子管是在玻璃、陶瓷或金属的密闭管壳内，抽成真空或充以少量特定气体，利用和控制电子流传导的电子器件。管内含有发射电子的阴极和收集电子的阳极及控制电子运算的栅极和其他辅助电极。电子管分真空管和离子管两大类，做作整流、放大、调制、发射等用。

电子管的发明

1904 年，世界上第一只电子管（真空二极管）在英国物理学家弗莱明的手下诞生，标志着世界从此进入了电子时代。

说起电子管的发明，首先得从"爱迪生效应"谈起。爱迪生这位举世闻名的大发明家，在研究白炽灯的寿命时，在灯泡的碳丝附近焊上一小块金属片。结果，他发现了一个奇怪的现象：金属片虽然没有与灯丝接触，但如果在它们之间加上电压，灯丝就会产生一股电流，趋向附近的金属片。这股神秘的电流是从哪里来的？爱迪生也无法解释。但他不失时机地将这一发明注册了专利，并称之为"爱迪生效应"。后来，有人证明电流的产生是因为炽热的金属能向周围发射电子造成的。但最先预见到这一效应具有实用价值的，则是弗莱明。

1907 年，美国发明家德弗雷斯特在真空二极管的基础上加以改良，在二极管的阴极和阳极中间插入第三个具有控制电子运动功能的电极（栅极），制造出第一支电子三极管。与二极管相比，三极管不仅反应更为灵敏，而且集检波、放大和振荡三种功能于一体，更为实用。

电子管的优缺点

由于电子管体积大、功耗大、发热厉害、电源利用效率低、结构脆弱而且需要高压电源，现在它的绝大部分用途已经基本被固体器件晶体管所取代。但是电子管负载能力强，线性性能优于晶体管，在高频大功率领域的工作特性要比晶体管更好，所以仍然在一些地方（如大功率无线电发射设备）继续发挥着不可替代的作用。电子管推动了无线电技术的发展，极大地改变了人类的生活。

151